ハヤカワ文庫NF
〈NF544〉

日英インテリジェンス戦史

チャーチルと太平洋戦争

小谷 賢

早川書房
8395

まえがき

近年、「情報は大事だ」、という趣旨の論調をよく耳にする。ただしここで言う「情報」とはＩＴ関連のことなどではなく、昔から「諜報」と呼ばれてきたスパイや国家組織による情報収集活動のことである。最近では「インテリジェンス」という単語でも通じるようになってきたが、とにかく、「今の日本には情報が不足している」、「日本にも情報機関を」という意見が目立つようになってきた。

このような意見はどこまで事実を反映したものかはわからないが、確かに戦後の日本は対外情報収集活動を疎《おろそ》かにしてきたようにも見える。そもそも冷戦の「長い平和」にあって、日本は情報活動の重要性を認識しながらも具体的な対処を怠ってきたのではないだろうか。

そして現在、そのツケは確実に朝鮮半島問題や日中関係で表面化している。日本は独自で海外の情報を集め、分析判断してはいるものの、やはり諸外国に比べるとインテリジェンス活動の低調さは否めない。これは未だに日本政府が対外情報機関を持たないためであろう。

ところが現実問題として、どのように日本の情報機能を拡充するのか、ということになるとかなり曖昧である。どこかの省庁が中心になって情報活動を行なうのか、または内閣府か、それとも新たな情報組織なのか、それも判然としない。現状では警察や公安組織が情報問題に敏感であるが、公安組織は基本的に国内での情報収集、防諜活動が主務である。一方、外務、防衛の組織になると、対外情報収集活動を行なってはいるものの、スパイなどを駆使した本格的な情報活動となるとまだ暗中模索の状態であると言えよう。

しかしそれよりも問題なのは、そもそもどのように情報組織を設置し、運営していくのか、という具体的な議論である。ここは日本としても欧米の情報先進国に教えを請いたいところであるが、情報活動とは本来、極秘に行なわれるものであるから、なかなかそのノウハウに接することはできない。国家にとってインテリジェンスとはブラックボックスなのである。

例えば明治時代、日本は近代郵便制度が国家の情報収集の手段として発展してきたことを理解しないままに、その制度だけを表面的に受け継いでしまったし、またイギリスからは、「君臨すれども統治せず」の原則の裏側では、王室も時には情報活動に関与することもある、という事実を伝えられなかった。このように情報活動のノウハウというものは常に秘匿される運命にあると言えよう。また、仮に日本が法律を整備し、組織を作り、人員を集めることができたとしても、今度はどのようにして情報を収集し、それらを処理し、実際の政策運営に利用していくのか、という厄介な問題が存在するのである。問題は山積していると言えよう。

それでは、他の国はどのようにしてインテリジェンス活動を発展させてきたのか。

イギリスは一六世紀のエリザベス朝時代から延々と秘密情報活動を続けてきた結果、現在「007」で有名なMI6を築き上げた。アメリカはイギリスと協力しながらも第二次大戦の激闘を通じてCIAを作り上げ、旧ソ連は血なまぐさい内部抗争に明け暮れた結果、KGBを生み出した。要するに強力な情報組織を持つ国々は、国家の命運をかけた闘争を通じ、闘争を生き残る手段としてインテリジェンス機能を発展させてきたのである。

日本にもそのような組織がなかったわけではない。鎌倉時代から江戸時代まで各幕府は一般に隠密《おんみつ》と呼ばれるエージェントを利用して情報収集を行なっていた。明治以降も日露戦争時における明石元二郎のようなスパイ・マスターの活躍や帝国陸海軍の特務機関など、近代日本の情報活動については枚挙に暇《いとま》がない。しかし幸いと言うべきか、戦後の日本は死活的な闘争に巻き込まれることがなかったため、太平洋戦争以降、日本は自ら本格的な情報活動を行なうというよりも、同盟国であるアメリカからの情報に頼ることが多くなってしまった。

ところが冷戦後の世界情勢は急速に安定感を失っており、特にそれは東アジアにおいて顕著である。世界的な潮流としても、アメリカ同時多発テロとイラク戦争を機に、アメリカ、イギリスはインテリジェンス機能の大幅な変革を行ない、冷戦後の世界戦略に合致した組織運営に乗り出している。冷戦期でさえ強力なインテリジェンスを有したこれらの国々がさらなる進歩を遂げようとする中、日本の置かれている状況とインテリジェンスの現状は深刻である。

現在、東アジア国際情勢の現状は刻々と変化しており、日本は冷戦後の混沌とした荒波に飲み込まれようとしている。従って最初の議論に立ち返るが、やはり日本にとってインテリジェンスを整備することが急務であり、そのための検討を進めていかなければならないだろう。

恐らくインテリジェンスを研究する上で一番参考になるのは、イギリスの情報組織であると考えられる。イギリスが世界に誇るＭＩ６は既に二〇世紀初頭には活動を開始し、情報収集を行なっていたのである。従ってその活動の蓄積も膨大なものとなっている。

他方、イギリスはその外交においても世界からの高い評判を得ている。東南アジア研究家の永積昭が、「原則があって外交上手な国は世界を見渡しても決して多くない。わずかにイギリスぐらいではないだろうか[1]」と評するほど、イギリスの外交は上手く運営されてきたのである。

我々はこのイギリスの得意分野――インテリジェンスと外交――を切り離して考えがちであるが、そもそも両者は一体となって運営されてこそ効果があり、老練なイギリス外交の背後には、常にインテリジェンス活動があると考えて差し支えないのである。

従って我々がインテリジェンスを学ぶ方法としては、イギリス外交やその世界戦略の中で、イギリスのインテリジェンスがどのように機能してきたのかを調べることが比較的近道と言える。欧米の学界においてこのような研究のアプローチは既に「情報史（インテリジェンス・ヒストリー）」として知られており、研究が進んでいる。

さらにイギリスにおいては、二一世紀に入ってようやく二〇世紀前半の情報関連史料が公開され始めている。これらの史料は当時のイギリス情報部の働きを記録したものであり、我々がイギリスの情報活動を学ぶ上で貴重な資料であると言えよう。[2] 本書はこの史料を基に、一九四〇年代のイギリスがどのような手段で情報を集め、それを外交戦略に利用していたのかを記していくものである。公開された史料は膨大で、イギリスの世界的な情報戦略を俯瞰することが可能であるが、本書では我々にとって比較的馴染み易い、イギリスの対日政策の裏側を追っていくことにする。

具体的には、一九四〇年から四一年にかけての日英米の国際関係を、イギリスのインテリジェンスを通して見ていくことになる。一九四〇年は欧州戦線の激化に伴って、イギリスの対日政策が著しく困難になっていく時期であった。この時期、アジアにおいて日本はイギリスに挑戦し、他方、イギリスは時間を稼ぎつつも外交面でアメリカに援護を求め続けていたのである。そしてこのようなイギリスの外交政策を支えていたのがインテリジェンス活動であった。

本書の狙いは、イギリスの情報活動を知ることによって、これまで曖昧にされてきたイギリスのインテリジェンスと外交戦略の関わりを明らかにしていくことである。また、日本における外交史や国際政治史の分野では長らくインテリジェンスの役割が軽視されてきたこともあり、インテリジェンスの視点から太平洋戦争開戦の経緯を見つめなおすことで、当時の実態に迫っていきたい。

目次

第八章　イギリス外交の硬直化と戦争への道　177

1941. 7.16	日本：関東軍特種演習、対ソ戦準備
1941. 7.18	日本：第三次近衛内閣成立
1941. 7.23	日本：南部仏印進駐発令（28 日〜進駐）
1941. 7.26	米国：対日資産凍結
1941. 7.27	英国：対日資産凍結
1941. 8.14	英米：大西洋憲章（英米共同宣言）発表
1941.10.18	日本：東条内閣成立
1941.11. 5	日本：御前会議「対米英蘭戦争の決定」
1941.11.26	米国：「ハル・ノート」が提出される
1941.12. 1	日本：開戦裁可の御前会議、「ニイタカヤマノボレ 1208」の武力発動命令
1941.12. 7	日本：マレー沖で陸軍の戦闘部隊が英軍の飛行艇を撃墜
1941.12. 8	日本：日本陸軍による英領マレーのコタバル・タイ南部のシンゴラへの侵攻と日本海軍による真珠湾攻撃、太平洋戦争の開始

『日英インテリジェンス戦史』関連年表

1939. 9. 1	欧州：第二次世界大戦勃発
1940. 5.10	英国：第一次チャーチル内閣成立
1940. 6.22	仏国：フランス降伏、独仏休戦協定
1940. 7.10	英国：バトル・オブ・ブリテン開始
1940. 7.22	日本：第二次近衛内閣成立
1940. 9.22	日本：北部仏印進駐開始
1940. 9.27	日本：日独伊三国同盟締結
1940.11. 5	米国：ローズヴェルト大統領の三選
1940.11.11	英国：オートメドン号事件
1941. 1.31	日本：泰・仏印停戦調停成立
1941. 2	英国：二月極東危機
1941. 3.11	米国：レンドリース（武器貸与）法制定
1941. 4.13	日本：日ソ中立条約調印
1941. 4.16	日米交渉（予備会談）の開始
1941. 6.17	日本：日蘭会商決裂
1941. 6.22	独ソ戦勃発
1941. 7. 2	日本：御前会議「情勢の推移に伴う帝国国策要綱」を採択

日英インテリジェンス戦史

チャーチルと太平洋戦争

第一章
インテリジェンスとは何か

ダウニング街10番地にある英国首相官邸（写真提供：共同通信社）

インフォメーションとの違い

我々は日頃から「情報」という言葉に違和感なく接しているわけだが、日本で初めてこの言葉が使われ出したのは、明治時代に入ってからのことであった。最初にこの言葉を使い出した人物には諸説あるが、まずはフランスの軍事教本を日本語に訳した酒井忠恕陸軍少佐であったと言われている。酒井[1]はフランス語の「renseignement」を「情報」と軍隊向けの専門用語として翻訳しており、その後、森鷗外などがドイツの戦略家、クラウゼヴィッツの著作を翻訳する際に「情報」という言葉を使ったことで、この言葉が定着したのではないかと考えられている。

恐らくここでの「情報」の意味は、英語の「Intelligence」により近く、我々が一般に使う「Information」の意味とは異なる。しかしその後「情報」という言葉は「Information」という単語と結びついてしまい、「Intelligence」に相当する日本語は「諜報」とされていたが、現代においてはその言葉もあまり使われなくなってしまった。従って本書ではできるだけ「インテリジェンス」という言葉を使用していくことにする。

それではインテリジェンスとはどのような意味を持つのであろうか。まずインテリジェンスとは、目的に応じて分析され、付加価値を付与された情報のことであり、我々の日常生活から国家の政策決定に至るまで、決定や行動のために必要とされる指針だといえる。例えば明日、遠くまで出かける予定があるとすれば、そこまでの交通手段や移動時間、目的地の天気といった情報が必要であり、それらを総合的に検討して明日の予定が組まれることになるだろう。このように特定の個人のために検討された情報は、インテリジェンスとして行動の指針となる。他方、国家にとってもインテリジェンスは政策の判断や決定の根拠となるものであり、それは外交・安全保障政策や経済政策、治安維持、危機管理等において必要不可欠なものである。国家の場合は、情報の収集、分析、評価、利用までを組織的かつ自己完結的に行なっており、その中でインテリジェンスを利用するのが政治家や官僚、情報を集め分析するのが情報機関ということになる。

国際政治の場におけるインテリジェンスはより重要な意味合いを帯びてくる。それは時として力の源泉でもあり、その本質は将来（現在）起こりうる（起こりつつある）事態に対して最も効果的な対応をするための指針である。国際関係において交渉相手の意図や国際情勢を事前に熟知しておくことは、国力の源泉となり、しばしば国際関係や戦況を左右するものでもある。このことは最近のファイブ・アイズ（米、英、加、豪、ニュージーランド五か国によるインテリジェンスの共同体）やイラクの大量破壊兵器に関わる問題にも見られるように、アメリカやイギリスといった国が現在も情報の収集に莫大な労力を費やしていることからも明らかであろう。

もう少し専門的な定義付けを行なえば、インフォメーションが文字通り「情報」であるのに対して、インテリジェンスは「知性」から「情報」まで幅広い意味を持っている。端的に言えば、インテリジェンスは情報活動による収集、分析を通して知性（Intelligence）の裏付けを得た「情報」のことを指しているのである。長年ＣＩＡ（米中央情報局）で働いた経歴を持つ情報研究家のシャーマン・ケントは、インテリジェンスを「①知識（Knowledge）、②知識を生み出す組織、③そのような組織によって行なわれる活動」[2]と定義しているが、イメージとしてはインフォメーションがあらゆる種類の情報を指すのに対して、インテリジェンスはインフォメーションから抽出された情報、また抽出の過程であると言える。

さらにケントは、「情報（Intelligence）の本質とは唯一最上の答えを探求することにある。（中略）それは最重要対外情報に関係のある知識であり、外交政策を決定する場合、その基礎となる知識である」[3]と定義付けているのである。すなわちインテリジェンスとは、国家が行なう情報収集活動であり、情報分析活動でもある。そしてその目的は、外交・安全保障政策や公安、危機管理などに寄与することなのである。

このように我々はインフォメーションとインテリジェンスを明確に区別してこなかったが、イギリスにおいては戦前からこの点は意識されていた。一九四〇年代、イギリスがＭＩ６を始めとする秘密情報部（Secret Intelligence Service）に加えて、インフォメーションを扱う情報省（Ministry of Information）を持っていたことから、ホワイトホール（政府・官庁街）がその外交政策においてインテリジェンスとインフォメーションを使い分けていたことは明らかである。この情報省は主に一般向けのプロパガンダ活動を担当しており、ナチス・ドイツの宣伝省に近いものであった。すなわち狭義には、一般消費者に対して向けられるマスコミなどの情報がインフォメーション、政策決定者などに対して供給される情報がインテリジェンスだと言うこともできよう。インテリジェンスが一般の人々の知らないことを知ることならば、インフォメーションはその逆なのである。

イメージ構築としてのインテリジェンス

既にインテリジェンスが単なる「情報」とは異なることを述べてきたが、他方、インテリジェンスは、政策決定者に判断の材料となる知識やイメージを与えるものであり、換言すればそれは国際情勢や交渉相手国に対する一定のイメージを構築するものである。アメリカのジャーナリスト、ウォルター・リップマンが指摘するように、情報によって人間は「自分の手が届かない世界についての信頼に足るイメージを、頭の中で勝手につくる」[4]ことができるのである。もし現在、自分がある国の外務大臣となり、中東情勢についての判断を求められても、大方の人はどうしていいかわからないだろう。そのような時、大臣に判断の材料となる知識、情報を提供するのがインテリジェンスの役割である。

リップマンの言葉を借りれば、「極東部のその道の専門家たちが（極東情勢に疎い）長官のデスクに極東そのものをもってくること」[5]がインテリジェンスに与えられた使命なのである。知識を与えられると、人は対象物に対してあるイメージを構築することができるため、これまで自分がほとんど知らなかったような情勢に対して判断を下せるようになるが、もちろんこれは情報が正確であるという前提が必要である。しかし歴史を振り返って見た場合、誤った情報が政策決定者のイメージをねじ曲げ、判断ミスを招くことは少なくなかった。

　例えば太平洋戦争直前、米英の指導者たちは日本について無知だったばかりに、情報部からの報告を鵜《う》呑《の》みにしてしまった。その報告とは、日本人は人種的に劣るためにまともな戦争などできないというものであり、日本軍の能力を過小評価するものであった。このような報告は米英首脳部の楽観主義を増長させてしまったのであるが、いざ戦争が始まってみると日本軍は想像よりも手ごわく、緒戦において米英軍は日本軍に対して屈辱的とも言える敗北を喫することになるのである。

　また冷戦期のアメリカはソ連の軍事力を過大評価し、その膨張志向を過度なイメージで捉えたため、とめどもない軍拡競争と過剰な地域介入に走らなければならなかったし、フォークランド戦争直前、マーガレット・サッチャー首相は「アルゼンチンが攻めて来るはずはない」といった固定観念に囚われたばかりに、アルゼンチンのフォークランド諸島占領を許してしまっている。[6]

　最近では「イラクは大量破壊兵器を保持しているはずだ」、「北朝鮮は脅威である」とい

図１：政策決定過程とインテリジェンス

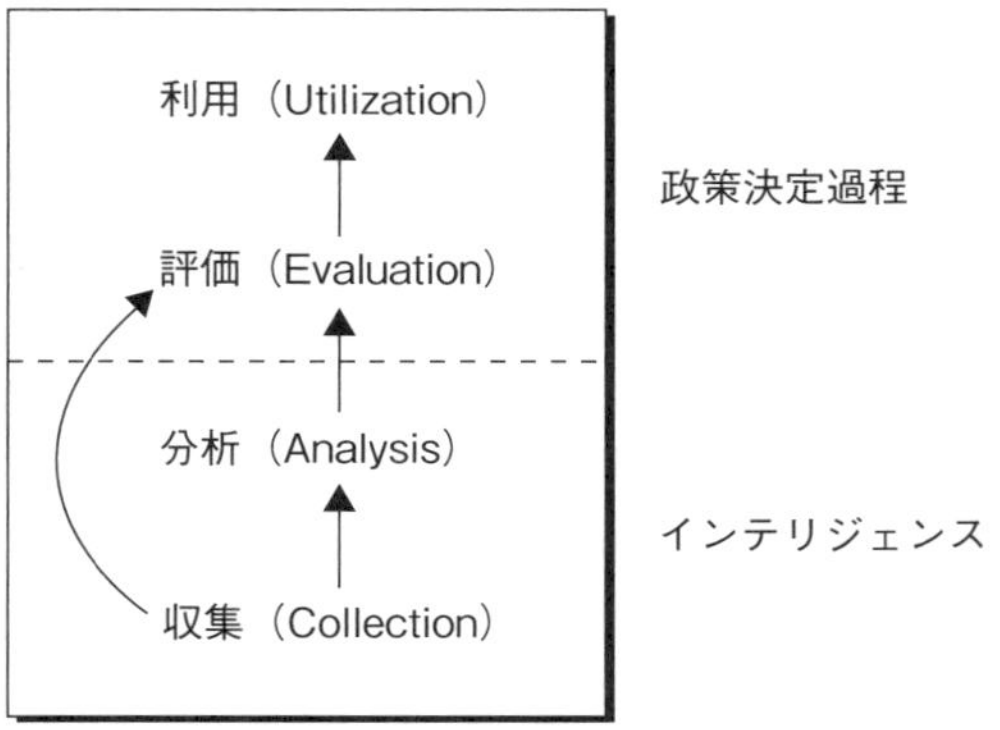

った政策決定者の思考もこの種の問題に関わってくると言えよう。従ってインテリジェンスを吟味する側は、情報がどのように集められ、どのように分析されているのかを正しく理解しておかなくてはならない。料理なら食べてみればわかるが、情報はそれが使われてからもしばらくはその正誤がはっきりとしないため、それを利用する側には慎重な判断が必要なのである。

インテリジェンスと政策決定過程

国家におけるインテリジェンス活動とは主に、情報の収集（Collection）、分析・評価（Analysis and Evaluation）、そして情報の利用（Utilization）までの一連の過程を内包している。インテリジェンスは上記のように広い定義を持っているため、その言葉の使用には注意しなければならない。例えば、「インテリジェンスによれば、イラクは大量破壊兵器を保有している」という表現は曖昧なものである。

このような情報は、一次的な情報源からのものなのか、分析の結果なのかによってその信頼性は大きく変わってくる。もし上記の情報が現地での噂話やゴシップ記事であるなら、それはインフォメーションの域を出ないであろう。通信傍受情報や衛星写真（シギント、イミント）ならかなりの精度が期待できる。さらにあらゆる手段によって収集した情報の断片を、慎重に検討して分析した結果なら、インテリジェンスとして合格である。従ってインテリジェンスを受ける政策決定側は、その情報がどのレヴェルからのものであるのかを良く吟味しなくてはならないであろう。後になって情報が学生の論文の引用であったということでは目も当てられない。

このことはインテリジェンスを研究する人間にとっても同じことが言える。情報の流れを把握することで、ある国のインテリジェンスが組織的に運営されているのか、場当たり的なものなのか、といったことを評価できるのである。多くのインテリジェンス研究が「諜報研究」として雑然としているのは、「実は○×は□△国のスパイであった」、「○○は×△情報を摑んでいた」といったエピソードに偏ることも原因の一端である。それらは主に「秘密」情報収集の段階で留まっており、そのような情報が戦場や国際政治の場でどのような働きをしたのかが明らかにされないために、インテリジェンスの果たした役割が曖昧になっているのである。

情報の流れが把握できないのは資料の制約に拠る所も大きいが、現在、前述のように情報資料の幾つかの部分が公開されており、分析的な著述をする材料が出揃い始めている。従ってインテリジェンスの研究のためには情報の流れを、①収集、②分析・評価、③利用、に整理しながら検討していくことが、雑然とした情報の流れを摑む上で重要であろう。

①の収集過程では、どのような情報が収集されたのかに注目し、②の分析・評価過程では、収集された情報がどのように分析され、上に報告されたのか、そしてそのようにして抽出された情報は、政策決定者によっていかに評価されたのかを探る。そして最終的には、③の段階において情報がどのように利用されたのかを検討しなければならない（二三頁図1参照）。このような分析によって、情報を処理する国家のブラックボックスの中身がおぼろげながらも見えてくるのである。さらに様々な要因によって、このようなプロセスは変更を迫られることもある。時間が切迫していれば分析過程が省かれることもあり、トップの政治家が自ら秘密情報を閲覧することも考えられるため、収集から利用に至る情報の流れは上記のプロセスを踏まえつつ、臨機応変であることも念頭に置いておかなくてはならない。

第二章
イギリスの対日情報活動

現在の英国秘密情報部（MI6）

人的情報（ヒュミント）と通信情報（シギント）

情報収集活動とは文字通り情報の収集手段のことであるが、それは主に、人的情報（ヒュミント）と通信情報（シギント）に大別できる。人的情報とは人伝えに情報を集める方法、すなわち「ジェームズ・ボンド」やリヒャルト・ゾルゲのようなスパイを利用して情報を集める方法である。日本においては、日露戦争時の明石元二郎の活躍が有名であろう。一時期このヒュミントはハイテク技術の進歩により軽視されていたが、近年ではアメリカ同時多発テロやイラク問題の反省もあり再注目されている。要はどれほど盗聴技術や衛星写真の技術が進歩しても、外国政府の内情や人の心まで覗くことはできないので、その辺をスパイやエージェントによって補完しようというものである。イラク問題に限れば、衛星で上からどんなに眺めていても、テロリストや兵器開発の状況まではなかなか把握できない、ということである。

一方、シギントとは通信の盗聴による情報収集活動のことである。最近ではコンピューターのハッキングなどもこの種の情報収集に含まれるだろう。こう書くとシギントにはハイテクが必要であると思われがちであるが、手紙の盗み読みなどもこれに含まれるため、この手段もギリシア時代から延々と行なわれている。その為に手紙の暗号化とそれを解読する暗号解読の歴史も同様に古いものなのである。

しかし通常シギントと言えば通信傍受情報を指し、二〇世紀に入り通信技術の発達とともに確立されたというのが一般的である。二〇世紀の国際政治において、このシギントは時として絶大な効果を発揮している。例えばアメリカを第一次大戦に踏み切らせたのは、イギリスが解読したドイツの暗号通信からの情報に拠るところが大きかった。これは一般に「ツィンメルマン電報事件」と言われるものであり、シギントの効果を世に知らしめることとなった。またシギントは第二次大戦においても存分に利用されている。米英は日独伊の通信を逐一読むことができたため、その情報からもたらされる効果的な戦略によって、戦争終結が数年早まったとも言われているのである。

このように情報収集活動はヒュミントとシギントの二つに大別できる。それでは具体的に戦前のイギリスがどのような対日情報収集活動を行なっていたのかを見ていこう。

英国秘密情報部（MI‐6）

英国秘密情報部（ＭＩ６）は映画「００７」のお蔭で世界的にその名を知られているが、

戦前の日本において、イギリス人スパイは活躍していなかったと言われている。当時の日本ではイギリス人の存在自体が目立った上、日本国内では日本の防諜組織であった憲兵の取り締まりが厳しく、一九四一年までにイギリス人ジャーナリスト、M・J・コックスを始めとする十数名の在日イギリス人はことごとく憲兵に逮捕されてしまっている。コックスはロイター通信特派員として日本に赴任していたが、彼の前任者であるマルコム・ケネディがMI6と繋がりを持っていたために逮捕され、三日後には謎の死を遂げている。[1]

スパイといえば、「ジェームズ・ボンド」のように短期間で敵地に潜入し、任務を終えればすぐに帰還するようなイメージがあるが、大部分のスパイは目的地に何年も潜伏し、地味な情報収集に努めなければならなかったのである。

また当時の友好国であったドイツ人ですら、日本の軍事施設には近寄ることもできない有様であったので、外国人が日本国内で情報収集を行なうことは著しく困難であったと言えよう。

東京のイギリス大使館は、当時数名の日本人の内通者を雇っていたようであるが、詳細は定かではない。ロバート・クレイギー駐日英大使は、よく本国に向けた電信の中で「私の雇っている情報提供者に拠れば……」と書いているが、クレイギーはそれほど重要な情報を集めるまでには至っていない。クレイギーは前任者のロバート・クライヴとは異なり、それまで日本や極東関連部局で勤務した経験がなかった。またクレイギーの相談役で、親日家としても有名であった駐日英陸軍武官フランシス・ピゴットの報告は、本国ではほとんど信頼されておらず、それどころかピゴットは日本側のスパイではないかと疑われていたほどであった。[2]そもそもロンドンの外務省が英大使館に望んでいたことは、秘密情報ではなく、新聞の論調や政治家との会談から得られる情報であったため、大使館に過剰な情報収集を望むことは酷であろう。

中国大陸に目を向けると、上海にはMI6の極東支部が設置されていたが、この支部の活動も芳《かんば》しくなかったようである。一九四〇年七月、上海の英海軍情報部（NID）は海軍情報部長ジョン・ゴドフリーに対して、極東におけるMI6の人員不足が深刻であり、極東情勢に疎くてもいいからとにかく経験をつんだMI6のエージェントを送るように要請していた。このようなNIDの嘆願は、MI6上海支部に問題があったことを暗示している。

当時MI6上海支部長であったハリー・ステップトゥは奇抜な行動が目立ち、スパイとしては致命的となるほど顔を知られていたのである。同じ頃、上海に派遣されていたフレデリック・ドライヤー海軍司令はステップトゥについて書き残している。

「ステップトゥは喋り過ぎる癖があるようだ。彼は自分のことを他人に印象付けようとするが、私が思うに、秘密情報部員が取るべき行為としては全く正反対であろう」[3]

このようなステップトゥの行為はエスカレートしていき、彼の名は上海中に知れ渡るのである。中国で英情報機関の活動を査察していたH・E・P・ウィッグルスワース英空軍中佐は、ある中国人から以下のような話を聞かされた。

「ステップトゥは上海の秘密情報機関の長官だ。上海では皆ステップトゥが誰のことで、何をやっているのか知っている」[4]

さらにステップトゥは軍事情報部を始めとする他の情報組織と全く情報を共有しようとしなかったため、上海支部は機能不全に陥りつつあった。NIDはなんとかしてステップトゥを排除し、極東MI6を正常に機能させようとしていたが、なかなか上手くいかなかった。

このことはシンガポール防衛の責任者であったロバート・ブルック＝ポハム空軍元帥の言葉にも表れる。

「現在（一九四一年一月）のところ、極東で最も役に立たない情報組織は間違いなくSIS（MI6）である。SISからの情報は当を得ていないし、上海、香港、シンガポールでも、誰がSISのエージェントなのかは皆に知られている。また彼らは部下として、訓練を受けていない現地の素人を採用しているため、エージェントの部下たちは、軍事、政治情勢に疎いままであり、東南アジア地域ではフランス情報部からの報告に頼る有様なのだ」[5]

このような極東MI6の低調ぶりは、一九四一年五月に当時民間人であったジェフリー・

デンハムがＭＩ６に引き抜かれ、組織改革が行なわれるまで続いたのである。

中国大陸における情報収集の中心地であった上海支部がこのような有様では、ＭＩ６はそれほど重要な情報を集めるには至らなかったようである。例外的に中国国民党に用心棒として雇われていたカナダ人、「二挺拳銃」のモリス・コーエンのような人物もいたが[6]、一般的に中国からの報告は貧弱であった。そもそもアジア地域におけるＭＩ６の任務は、英植民地における民族主義運動や共産主義運動を監視するためのものであったため、日本に関する情報収集は想定外であり、また対日情報収集の専門家もいなかったのである[7]。また資金不足も伴って、極東ＭＩ６の活動は不振を極めており、東南アジアではフランス情報部やオランダ軍から情報を提供してもらうほどであったという。

結局極東においては「００７」のようなスパイは現れなかったのである。このことを一番悔やんだのは他ならぬ、スパイ活劇に異常な関心を示していたウィンストン・チャーチル首相であった。この時代においても、すでに情報収集の主流はシギントに移りつつあったのである。

軍事情報部

一九三〇年代のイギリスのヒュミントに限定すれば、ＭＩ６よりも各軍の情報部の方が活発に活動していた。その中でも最も規模が大きかったのは陸軍情報部（ＭＩ２）であり、中国大陸にも多数のエージェントを送り込んでいたのである。しかし当時、中国大陸に派遣されていたイギリスの武官たちは、偏見に満ちた反日的評価を下すのが普通であった。[8]中国大陸で活動していたMI2も人材不足のため、佐官クラスで日本語か中国語を理解するスタッフを全く有していなかったのである。従ってMI2の日本軍に対する評価は、「日本軍は近代戦で一級国と戦ったことがなく、現在においても彼らの部隊は、貧弱な装備しか持たない中国軍との戦争を想定して訓練されているのだ[9]」というものであった。この偏見の原因としては、人種差別的傾向や、ノモンハン事件、日中戦争における日本軍の苦戦ぶりが下敷きになっていたようである。

海軍情報部（NID）も陸軍情報部と同じようにほとんど日本海軍を見たこともないまま、空想に基づいた対日過小評価の報告を本国に送り続けていたのである。イギリスから見れば、当時中国大陸で実際に戦っていた日本陸軍に対して日本海軍は秘密のヴェールに覆い隠されており、NIDとしてもその実態を把握することは困難であった。従ってNIDは駐日英海軍武官J・G・P・ヴィヴィアン大佐の報告を頼りにしてしまうのだが、そのヴィヴィアン報告は以下のようなものであった。

「日本人は頭の鈍い人種である。日本人は自分の専門領域に関しては詳しいが、それ以外のことに対しては疎い。（中略）私はこのような日本人が優れた船を作り出すとは信じられないし、戦争などは到底無理だろう[10]」

実際にヴィヴィアン大佐も日本海軍を直接見聞きすることはほとんどなく、人種差別的偏見に基づいたイマジネーションによってこのような報告を行なっていた。しかし受け取る側のNIDとしてはこのような分析でも貴重な情報であり、この種の報告を鵜呑みにしていたようである。ちなみに極東担当ではないが、「007」の原作者であるイアン・フレミングがNIDで働いていたのは有名な話である。

MI2、NIDに共通した問題は、日本国内で効果的な情報収集活動ができないということであった。従って両情報部は日本軍の実態をほとんど知ることなく、漠然としたイメージだけで報告を送ることもあったのである。そしてそのようなイメージとは大抵、イギリス人の人種的な優越感から生じる、対日軽視傾向から成り立っていたものであった。

このような対日軽視傾向は、英空軍情報部（AID）においてはより顕著であった。AIDは、日本の航空戦力に対して、「日本の航空機は、我々のものよりも劣っており、このような性能の悪い航空機が現在も日本で生産されている。（中略）またパイロットは、攻撃、偵察能力とも英空軍（RAF）のパイロットよりも劣っているようである。その原因は日本人の目の細さと難聴からくるものである」[11]というような評価であった。

このようにAIDは日本を過小評価し続けていたが、一九四〇年に入り日本軍が中国戦線で投入した零戦は、当時の最先端航空機であった。しかしAIDは零戦のパフォーマンスとそれまでの報告に矛盾が生じてしまうことを恐れ、零戦に関する報告書をもみ消してしまったのである。[12]その結果、太平洋戦争が始まると、日本の航空機は大したことはないと信じていた英空軍部隊は、マレー半島上空において大損害を被る結果となってしまった。

従って比較的活発に対日情報収集活動に従事していた軍事情報部も、効果的な情報活動を行なっていたとは言い難い。この原因としては、日本国内における情報収集の困難さと、日本人に対する人種的な固定観念の根強さが挙げられよう。

内務省保安部（MI5）

日本ではあまり知られていないが、内務省保安部（MI5）もMI6同様に秘密情報を取り扱う組織である。ただしMI6が対外情報を収集するのに対し、MI5は主に国内で活動する組織であり、現在のアメリカでいえば連邦捜査局（FBI）、日本でいえば公安組織にあたると言えよう。
MI5の対日情報収集は主に日本がイギリスに送り込んだ外交官やスパイに向けられており、そこから日本側の意図を摑もうとしていたのである。最近のMI5の史料開示によって明らかになったのは、戦間期日本海軍が雇っていたイギリス人スパイ、フレデリック・ラットランドが、一九一九年から一九四一年までMI5の監視の下で活動していたことであった。[13]
ラットランドは元英空軍少佐であったが、第一次大戦後日本海軍に雇われ、一時期海軍の教官として日本に滞在している。そして一九三〇年代に入ると年間約二〇〇〇ポンド（現在の貨幣価値でおよそ五〇〇〇万円）の報酬で、日本側のスパイとして雇われることになったのである。ラットランドと連絡を取っていたのは当時駐英海軍武官であった岡新海軍大佐であり、事あるごとにラットランドと手紙でやり取りしていたが、岡もＭＩ５の監視下にあった。そしてラットランドはロサンゼルスやホノルルを移動しながら、米海軍の情報を入手しては東京へ報告していたようである。

しかしこのような報告もＭＩ５が入手していたため、ラットランドの行動はＭＩ５に日本海軍の情報活動の一端を晒すものであったと言える。日本に雇われていたその他のイギリス人としては、元海軍士官で労働党の議員でもあったセシル・マローン、ＭＩ６のエージェントで小説家でもあったグレアム・グリーンの兄、ハーバート・グリーン、元海軍士官のセンピル卿らの名前を挙げることができよう。ただしこれらの人物は、ラットランドほど深く日本の諜報活動には関わっておらず、グリーンに至っては第二次大戦時に英陸軍への入隊を許可されており、さらには自分の活動をマスコミにリークしていたほどであった。[14]

ＭＩ５の記録から類推するに、ＭＩ５の対日防諜活動は比較的上手く運営されていたようである。ただしこの情報収集は、以下に述べる政府暗号学校（ＧＣ＆ＣＳ）からのシギントに拠る所も大きかった。

政府暗号学校（ＧＣ＆ＣＳ）

イギリスのヒューミントが振るわない一方で、通信傍受情報（シギント）はかなりの成功を収めていたと言える。イギリスの対日通信傍受を支えたのは、英外務省の政府暗号学校（ＧＣ＆ＣＳ）と軍部の極東統合局（ＦＥＣＢ）であった。

チャーチルが暗号解読情報を「私の金の卵」と呼び、GC&CSの暗号解読者たちを「金の卵を産みながら決して鳴かないガチョウ」と呼んでいたのは有名である。このGC&CSの通信情報は、当時イギリスでそれほど重宝されていたのであった。

GC&CSは第一次大戦後ロンドンに設立された電信傍受、暗号解読専門の組織である（一九三九年にロンドンからブレッチリー・パークに移転、現在はGCHQとしてチェルトナムに本部を構えている）。設立当初は在英の外国大使館、領事館を行き来する電信傍受を任務としており、やがてその任務は無線傍受、暗号解読などに拡大されていく。その盗読の能力は、一九四一年当時で六〇か国以上の通信をカバーしており、国際連盟や赤十字といった国際機構や、シオニスト、チベットの民族運動にまでチェックが入っていたのである。恐らく一九四一年当時、GC&CSの歯が立たなかったのは、ソ連の通信ぐらいであっただろう。ソ連は使い捨ての暗号を使用していたため、その解読はかなり困難であった。

GC&CSの対日活動は、当初日本語の専門家が不足していたため漸進的ではあったが、一九二一年のワシントン軍縮会議の際には、通信傍受によって日本側代表の譲歩幅を知った上で交渉に臨むほどになっていた[15]（イギリスは日英同盟時代から同盟国日本の外交通信を盗読していたことになるが、平時の情報収集を怠らないことはインテリジェンスにおいても基本である）。この会議において日本は当初、対英米七割の主力艦保持を主張していたが、シギントによって英米側は交渉を粘れば日本が六割で折れることを知っていたのである。そして実際に日本は譲歩したため、有名な英米日間の主力艦比率、一〇：一〇：六は、英米側の暗号解読の勝利であったと言える（ちなみにGC&CSは暗号解読情報を、その報告書の表紙の色にちなんで「BJ（Blue Jacket）」と呼んでいたため、本書でもこの呼称を使用して「BJ情報」と記述していく）。

一九三〇年代を通じてGC&CSは随時日本の外交暗号を傍受しており、一九三七年一一月にGC&CSが傍受、解読した日独伊三国防共協定に関する交渉内容は、イギリスの日中戦争に対する方針を決定したと言われている。[16] また一九三九年一月にGC&CSが傍受した内容によれば、日本はドイツに対して英米との摩擦を緩和したい意向を伝えており、[17] このことは日本がドイツに接近しつつもイギリスとの関係を重視していることを示唆していた。そのためイギリスは日本を警戒してはいたものの、積極的な対日抑止策を打ち出すまでには至らなかったと考えられる。[18]

ヒュミントによる対日情報収集活動が振るわなかった状況において、通信傍受は数少ない情報収集手段として、イギリスの対日政策には不可欠なものであった。ただし一九四〇年あたりから日本外務省は海軍の製作した新型暗号機を導入、九七式欧文印字機（三型）による新型のパープル暗号を部分的に使用し始めていた。GC&CSは当時急速に脅威となりつつあったナチス・ドイツのエニグマ暗号解読の方を優先していたため、パープル暗号を解読することに専念できなかった。この日本外務省の新しい暗号への切り替えはベルリン、モスクワ、ワシントン、ロンドンなどといった主要各国の大使館から始められたと考えられ、一九四〇年代に入ると、GC&CSは日本の外交暗号を部分的に解読できなくなっていたのである。

極東統合局（FECB）

極東統合局（FECB）は一九三五年に英海軍が香港に設立した通信傍受専門の組織である。FECBもMI6同様、スタッフと予算不足に直面していたが、それでも日本の外交暗号、通称「レッド暗号」や海軍の暗号文「JN‐25」の傍受、解読に成功している。[19] 日中戦争の激化に伴い、FECBは一九三九年八月にシンガポールに移転し、陸海空軍共同で運営されることになった。FECBは電波傍受による情報収集という任務柄、日本軍の能力を正確に測ることまではできなかったが、東南アジアにおける日本海軍の動きを大まかながら随時追っていたと考えられる。[20] FECBは無線傍受による日本艦船の方位測定も行なっており、ハワイの米通信傍受施設HYPO、フィリピンのCASTと共に、太平洋における日本海軍監視システムの一部であった。

一九三七年の日中戦争勃発に伴い、日本海軍軍令部は支那方面艦隊に海上封鎖に関する大海令を発しているが、FECBはこれを傍受、解読してロンドンに報告している。逆にこのFECBからロンドンへの通信を傍受した日本海軍は、自分たちの暗号が解読されていることを知って驚愕することになった。またFECBは一九四〇年九月の日本軍の北部仏印（フランス領インドシナ）進駐、一九四一年七月の南部仏印進駐に伴う日本海軍の動きを逐一捉えていたが、[21] 逆にその頻繁な警告によって、シンガポールの英司令部から「アラーミスト

（心配性）」というレッテルを貼られてしまい、FECBは徐々に信用を失っていくのである。[22]無論、このようなFECBに対する冷遇は根拠のないものであり、英極東軍司令部の見当違いも甚だしいと言える。

例えば一九四一年一二月一〇日、FECBはマレー沖海戦の始まる四時間前には日本軍の雷撃機発進の通信を傍受し、この情報を英戦艦、「プリンス・オブ・ウェールズ」と「レパルス」に伝えようとしているが、この情報は上手く伝達されず、イギリスの誇る二隻の戦艦はあっけなく沈んでしまったのである。これはFECBと他の機関の連絡不徹底が招いた事故とも言えよう。

またFECBは東南アジアにおける一大情報センターでもあり、無線傍受以外にも様々な方法で日本に関する情報を収集していた。それらは主に、艦船からの沿岸監視、米、蘭、中との情報交換、ヒュミントによる情報収集などであり、[23]特に現地のアメリカ、オランダ軍との情報交換がFECBを通して行なわれていたことが重要であった。ただしFECBに関しては英公文書館における史料開示がほとんど進んでいないため、FECBに関する研究はまだ進展していないのが現状である。

このようにGC&CSとFECBによる対日情報収集活動は、かなりの成功を収めていたと言える。従ってホワイトホールもここから報告されるBJ情報に重きを置いていたのである。

それでは次章からは、このようにして集められた様々な情報が、どのように分析、利用されていくのかを見ていくことにする。

第三章
情報分析から利用までの流れ

現在の英国内務省保安部（MI5）

ホワイトホールにおける情報の流れ

これまで見てきたような情報収集の話は、様々な文献で知ることができるが、そのようにして集められた情報が、どのような過程を経て政府の上層部に伝わっていたのかを知ることはかなり困難である。我々は秘密情報収集や秘密工作活動のような、情報部の華々しい活躍に目を奪われがちになるが、重要なのは情報を集めてからそれを利用するまでの過程なのである。そしてこの過程を知るためには、組織内における情報の流れを丹念に追っていくしかないだろう。

対日政策に限定した場合、ロンドンのホワイトホールにおける情報の流れは、

①合同情報委員会（JIC）ルート

②秘密情報部ルート

図2：ホワイトホールにおける情報の流れ（1941年）

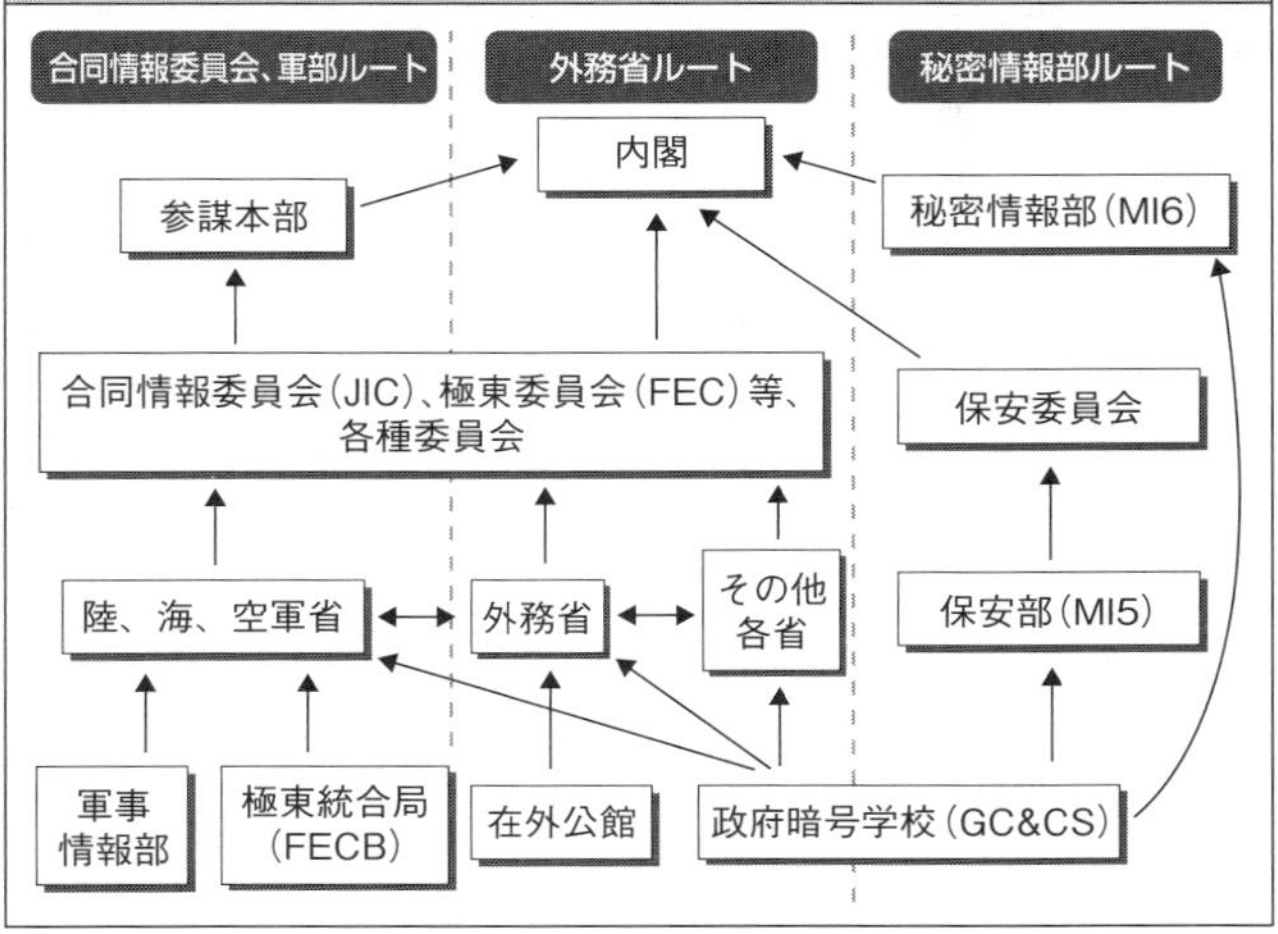

③外務省ルート

に大別できる。①のルートは、JICと呼ばれる委員会が主に戦略、軍事情報を取り扱っており、そこで分析を行なって内閣に提言していた。②のルートは、MI6やMI5のような秘密情報部があらゆる情報を収集し、そのまま内閣に情報を上げていたようである。③のルートでは外務省が中心となって情報を収集、分析、利用まで行なうこともあり、対日政策においてはこのルートがインテリジェンスの柱となっていた。

　よってここからはそれぞれのルートを詳しく見ていくことになる。

合同情報委員会（JIC）ルート

JICは一九三六年、それまでばらば

らであった情報の流れを整理し、統一した情報評価を行なうために設立された委員会である。議長は外務省のビクター・カヴェンディッシュ＝ベンティンクが務め、陸海軍の長、MI5、MI6長官などが出席して情報を交換する場として機能していた。そして一九四〇年五月に成立したチャーチル戦時内閣は、このJICの働きを強力にサポートし、またJICも直接首相に提言する機会を与えられていたのである。

JICの具体的な活動は、①対外情報の収集・分析と政府への提言　②軍事情報を集積する統合参謀本部（COS）、合同作戦委員会（JPC）との情報の調整　③各情報組織の効果的な運用、などにあった。[1]

JICは分析した情報を内閣に報告する立場にあり、戦略情報に関してはホワイトホールの情報活動の中枢であったと考えられる。[2] またJICは現在のイギリスのインテリジェンスにおいても要の組織であり、2003年のイラクの大量破壊兵器をめぐる情勢判断においてもJICが中心的な役割を果たしている。

秘密情報部ルート

この秘密情報部ルートは謎が多い。[3] MI6は一九〇九年に設立された対外情報組織で、「C」ことマンスフィールド・カミングによって指揮されていた（「C」というのはカミングのサインであり、その後の長官もこの「C」のサインを受け継いだため、「C」と言えばMI6長官のことを指す）。

一九三九年からはスチュワート・ミンギスが長官の座に就いている。MI6は対外情報収集組織であるが、外務省とは関わりを持たず、また外務省へ情報を報告する義務もないため、MI6が収集した情報がどのような経路を辿って内閣に報告されていたのかはあまり明らかではない。恐らくミンギスからチャーチルやアンソニー・イーデン外相といった個人的紐帯によって情報が伝わっていたと考えられる。

英公文書館に残っているわずかな史料によれば、ミンギスは毎日のように暗号解読文をチャーチルに届けていた。そしてその中には日本の暗号通信を解読したものも多数含まれている。[4] 政治家が秘密情報に関心を持つこのようなメンタリティはイギリスに特有なものであり、この姿勢がインテリジェンスをイギリスの外交政策に反映させるのに貢献していたと言えるだろう。

外務省ルート

イギリス外務省が日本外務省と異なっていたのは、情報収集と情報分析の能力を共にその組織に内包していたことである。1938年まで外務事務次官を務めたロバート・ヴァンシタートの下には、当時、英国の外交・安全保障に関わるすべての情報が集約されていたと言われており、ヴァンシタートの上司にあたるジョン・サイモン外務大臣は、ヴァンシタートのことを「我が国で最も力を持った人物」と評している。[5]

英外務省は世界各国に在外公館を有し、通信傍受情報（BJ情報）を優先的に配布されて

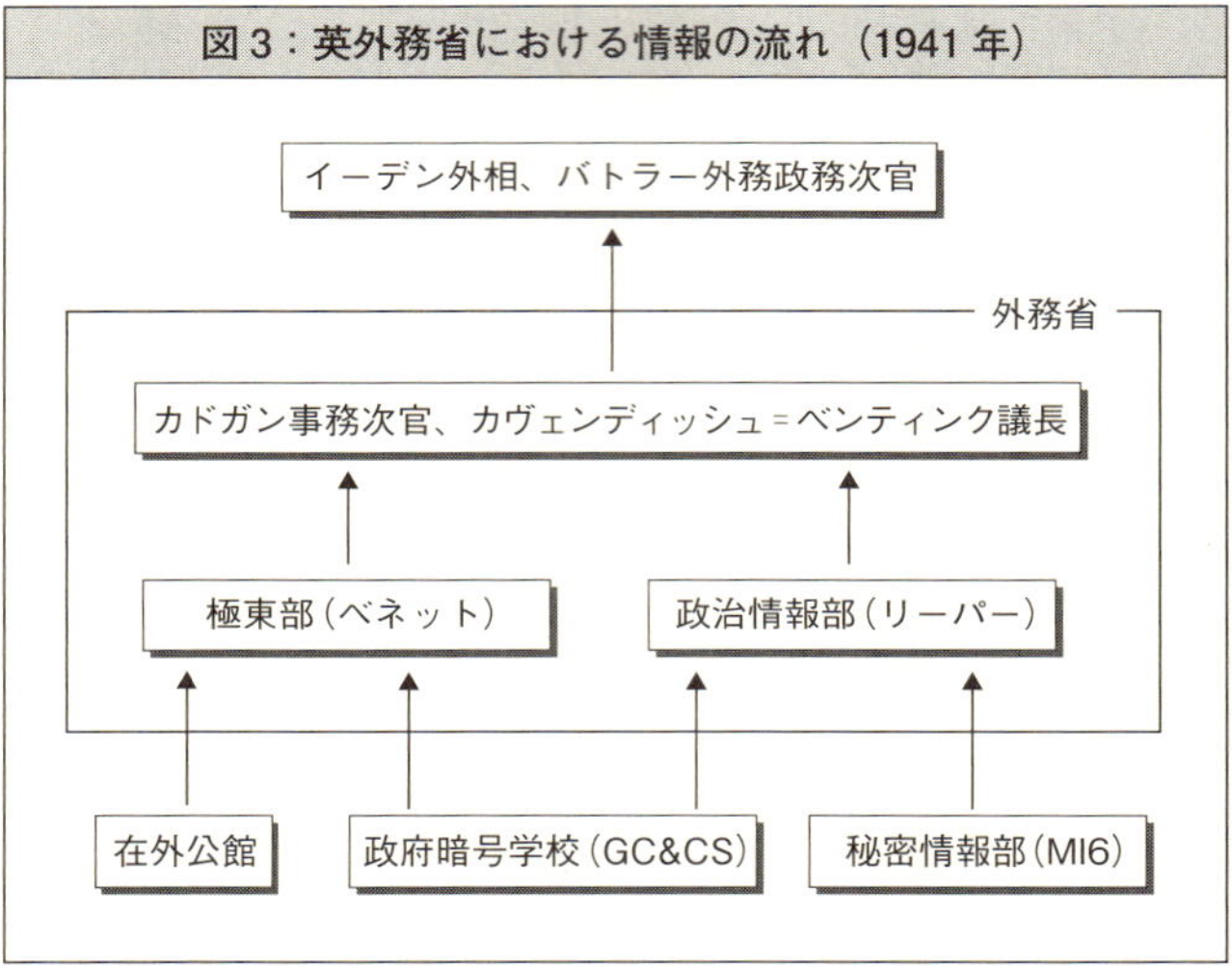

図3：英外務省における情報の流れ（1941年）

いたため、その情報収集能力はかなりのものであった。イギリスの極秘情報であったBJ情報の配布先を辿っていくと、情報の内容にかかわらず必ず配布されたのが、アラステア・デニストンGC&CS長官と外務省であった。その他の配布先はBJ情報の内容に応じて選択されており、それらは主に、陸海空軍省、戦時経済省、MI5、植民地省などの各省であった。

厳密にそれぞれの省のどの人間がBJ情報を閲覧できたのかは定かではないが、日本関連情報に限って言えば、チャーチル首相、イーデン外相、R・A・バトラー外務政務次官、ヴァンシタート外務事務次官（1938年以降は後任のアレクサンダー・カドガン）、カヴェンディッシュ＝ベンティンクJIC議長、J・S

・ベネット外務省極東部長、同じく極東部のアシュリー・クラークらはBJ情報に目を通していたはずである。

MI6もGC&CSからBJ情報を得ていたようであるが、正規のルートからは入手しておらず、この点でもMI6の情報源には謎が残る。BJ情報の中には、ミンギスMI6長官のみに配布されていた情報も存在するのである。[6] その他、個人として直接GC&CSからBJ情報を供給されていたのは、エドワード・ブリッジス内閣書記官長、チャーチルの情報アドヴァイザーで元産業情報部（IIC）長官デズモンド・モートン、そしてリチャード・ホプキンス大蔵次官補らであり、ヴァンシタートに至っては外務事務次官を退いてからも情報が提供されていた。

これらの配布先で特徴的なのは、外務省や軍部に多くのBJ情報が配布されるのは当然であるが、大蔵省にはほとんどBJ情報が配布されていないことである。一九四〇年から一九四一年の間に外務省はGC&CSから二万一五二六通、海軍は一万一七九八通のBJ情報を配布されているが、大蔵省はわずか一八三七通、この数字は戦時経済省の九一〇三通、モートン個人の三八八三通と比べてもかなり少ない。[7]

これは一九三〇年代から続く、大蔵省とそれに対抗する外務省の確執が反映された結果と考えられる。一九三〇年代後半、大蔵次官ウォレン・フィッシャーは財政的な理由から、ネヴィル・チェンバレン内閣と結託して、対独、対日宥和《ゆうわ》政策を推進した。そしてその行為は結果的に当時の外務省の政策と相反することになり、外務省や軍部が折れることもしばしばあったのである。従って大蔵省による外交政策への横槍を好まない外務省が、ＢＪ情報を極力大蔵省に回さなかったことは想像に難くないだろう。

さらに外務省の内部で日本関連のＢＪ情報がどのように配布されたのかを探っていくと、ＢＪ情報はベネットの極東部と、レジナルド・リーパーの政治情報部（ＰＩＤ）で分析されていた。ＰＩＤは外務省の部局でありながら、情報分析のために軍事情報、ＢＪ情報、ＭＩ６情報にアクセスできる権限を持っており、ＰＩＤが毎週発行する「政治情報要綱（Political Intelligence Summary）」は、極秘情報とされながらもホワイトホールで広く読まれ、さまざまな部局の政策決定に影響を及ぼしていたのである。

一九四〇年一〇月、外務省は機密保持のためＰＩＤレポートの流通数を削減したが、陸軍省などは情勢判断のためにこのレポートが死活的な意味を持つとして、流通数を増やすように要求している[8]ことからも、このレポートの重要性が見て取れよう。このレポート配布に対する権限は、カヴェンディッシュ＝ベンティンクとカドガン外務事務次官にあった。このようにＢＪ情報を始めとする数々の情報はＰＩＤで分析され、外務省からバトラーやイーデンといった政治家に報告される。前述のようにカヴェンディッシュ＝ベンティンクはＪＩＣ議長を務めていたので、ＰＩＤの報告はＪＩＣの判断にも影響を与えることになる。一方、極東部の分析は、ベネットからバトラーの極東委員会やイーデンに報告されていた。

総括すると、ＪＩＣルートは、ＧＣ＆ＣＳ・ＦＥＣＢ・各軍の情報部（収集）→各省、ＪＩＣ（分析）→内閣（利用）、外務省ルートは、ＧＣ＆ＣＳ・在外公館→外務省→内閣、秘密情報ルートは、GC&CS・MI5・MI6→内閣、ということになる。これらのルートは状況によって使い分けられることもあった。特に外務省、JIC、内閣には戦間期を通じて熟成された情報処理過程が確立しており、BJ情報を始めとする秘密情報を外交政策に反映させるのには有効な仕組みであった。

このようにチャーチルやイーデンは、さまざまな角度からの情報分析を各ルートから入手することができたため、柔軟な対応が可能となったのである。情報の流れが一本化されてしまうと、どうしてもそこからの情報に頼りがちになってしまう、といった弊害が生じよう。

通信情報の活用方法——日米との比較

このように見ていくと、イギリス外務省がBJ情報を最大限に活用していたことは明らかである。これはアメリカの状況と比べてみると興味深い。アメリカの通信傍受情報（マジック情報）の配布先を見てみると、国務省で直接マジック情報を読むことができたのはコーデル・ハル国務長官だけであり、その他は皆軍人であった。[9] ミンギスもMI6のアメリカ支部であるBSC（British Security Coordination：BSCは一九四〇年五月、MI6米支部として、アメリカの対英支援を促す目的で設立された。責任者はカナダ人、ウィリアム・スティーヴンソン。BSCはフランクリン・ローズヴェルトの大統領三選などにも大きく貢献していたと言われている。BSCはアメリカの世論を操作して親英反独的な風潮を作り、アメリカ参戦への布石を打った）を経てアメリカ側にBJ情報を伝える際には、国務省と軍部の関係に配慮して米陸海軍のみに情報を送っていたのである。[10]

これはアメリカの暗号解読が、陸軍通信情報部（ＳＩＳ）と海軍通信情報部（ＯＰ－20－Ｇ）といった軍の組織によって行なわれていたためであるが、本来、外交情報であるマジックが国務省に出回らなかったために、国務省内でマジック情報の検討を行なえず、対日政策においては一九四一年の日米交渉以外の有効利用ができなかったようである。またアメリカの場合には、最終的に収集された情報を統合する組織がなく、一人で何千、何万通というマジック情報を検討しなければならなかったハルのように、政策決定者は情報の洪水の中で悪戦苦闘しなければならなかった。[11] すなわち、インテリジェンスの円滑な運営に欠かせないものは、情報収集と共に、情報を分析、統合する組織なのである。

真珠湾研究で著名なロベルタ・ウールステッターは、このようなワシントンにおける情報処理の混乱を以下のように描き出している。

「この重大情報（マジック）の場合も、ほんの数人の要人がざっと見ただけだった。その数人も、見直してよく考えるという時間もなく、ほかの高官たちが統一した解釈をするだろうと考えた。そのほかの人が誰かも、たがいに正確にはわかっていなかった。（中略）マジックに触れる者を慎重に制限した結果、めったにみんなの耳にはいらないものになっていた[12]」

また米国上級通信情報将校のアルフレッド・マコーマックは、イギリスのインテリジェンスを視察して以下のように述べている。

「情報の問題をめぐる英国とのかかわりで痛感したことがある。ワシントンの情報機関は自分の手柄を優先し、われ先に発表しようとするあまり、それぞれ情報を隠すことに労力をかけているようだ。誰の手柄になろうが気にしていないようだ。（中略）英国では情報に関して縄張り意識はなく、誰の手柄になろうが気にしていないようだ。いろいろな機関からの情報をまとめて評価する仕組みになっていて、それが迅速に行なわれている。したがって情報処理に関しては彼らの方がずっと上だ[13]」

このような状況は当時の日本でも同じであった。日本陸、海軍の通信傍受班は、米英の外交暗号の一部を傍受、解読していたが、それらを総合的に分析、検討する組織を持たなかったばかりに、せっかく解読した米英の通信情報（特情）も、ばらばらに配布されて読まれたのであった。また軍部は組織の内外にかかわらず特情を秘匿する傾向にあり、その結果、特情はマジックと同じく目立たないものになってしまったのである[14]。

他方、イギリスでは、BJ情報は内容別に分類され、配布された。イギリスの方針がアメリカや日本と異なるのは、日米が通信情報をできる限り狭い範囲で配布していたのに対し、イギリスは重要なBJ情報ほどなるべく広く流通させようとしたことである。このやり方は機密漏洩のリスクを伴っていたが、その反面、BJ情報についての検討が広く行なわれることになり、また政策への反映も速かった。従ってイギリスとアメリカの極東政策の大きな相違点の一つに、外交機関における秘密情報の頒布状況とその分析過程を挙げることができよう。

また英外務省はBJ情報以外の情報に関してもなるべく広く配布して、各委員会での討論や、他の部局からのフィードバックを政策決定に生かしていた。外務省で分析された情報は、まず国王ジョージ六世とすべての閣僚に伝えられ、カヴェンディッシュ＝ベンティンクを始めとする数名の外務官僚、各軍の参謀と情報部長、そして元内閣書記官長のモーリス・ハンキーやヒュー・ダルトン戦時経済相などに配布されていたのである。[15]

英外務省は、それほど部局にこだわらず、広く情報を共有することによって、多角的に分析された情報を政策立案の源泉として利用していたのであった。このことは同時代のアメリカや日本が機密保持の観点から、軍部のごく限られた範囲でしか情報を流通させなかったことと比べると特徴的である。情報を収集することと、それを分析することは全く別の領域なのであり、これを分業制――すなわち情報収集機関としての秘密情報部と情報分析・外交政策決定機関としての外務省や各種委員会――にしたことが、英情報組織の特徴であった。

それでは次章からは、実際にイギリスのインテリジェンスと外交戦略がどのように連動していたのかを、一九四〇～四一年のイギリス対日政策から検討していく。

第四章
危機の高まり
日本の南進と三国同盟

現在の英国政府通信本部（GCHQ）

一　ビルマ・ルート問題

チャーチル首相の登場

一九四〇年五月のチャーチル戦時内閣の成立は、イギリスの対日政策に変化をもたらすものであった。チャーチルの前任者、チェンバレン首相は、イギリスの弱さを自覚するあまりに日本に対して譲歩を重ね続けていたのである。チェンバレンはインテリジェンスによって日本に関する情報を得ていたはずだが、極東においてはとにかく日本との揉め事を起こさないようにしてきたのであった。

一方、戦う首相、チャーチルはインテリジェンスを過剰なまでに重視する政治家であった。チャーチルは秘密情報を得ることに執念を燃やし、それを日本との関係に利用しようとしていたのである。対日関係においてチャーチルの用いたインテリジェンスの利用法とは、情報を得ることによって状況を先読みし、能《あた》う限りの手段によって起こりうる状況をイギリスに有利に導こうとするものであった。そしてその手段とは、軍事、外交、プロパガンダと、その時々によって使い分けられるのである。

この頃、日本では欧州戦線におけるドイツ軍の破竹の進撃が報道され、「バスに乗り遅れるな」の合言葉の下で国策が練られていた。今から振り返ればこれは太平洋戦争へと至る破滅への道程であったと言うこともできるが、当時の感覚からすればこのような国際情勢は、長年続く日中戦争による倦怠感を払拭し、興隆しつつある東亜の時代を感じさせるものであったのかもしれない。しかしそれは現実を直視したものではなく、マスコミによって生み出された虚構の感覚であった。

このような日本の雰囲気に対して、この時期のイギリスは最悪の現実と直面しなければならなかった。ドイツの電撃戦によって同盟国フランスは既に屈服し、ロンドンを始めとするイギリスの各都市は連日ドイツ軍の空爆に晒され、イギリス本国は陥落の一歩手前でなんとか踏みとどまっている状態であったのである。そしてイギリスの領空で始まった英独間の空戦、バトル・オブ・ブリテンにより、イギリス本国の命運はまさに風前の灯火であるかのようであった。

さらにイギリスが頼りにしていたアメリカは、この時期、大統領選挙を控えており、三選を狙うローズヴェルト大統領は、世論の反発を招くような積極的対外政策をとれない立場にあったため、米英両国とも極東情勢に介入する余裕などなくなっていたのである。

チャーチルによれば、イギリス世界戦略の将来的なヴィジョンは四つあった。最も理想的とされたのは、アメリカがドイツに対して宣戦布告し、日本は中立にとどまるというものである。しかし現実主義者のチャーチルは、このシナリオはあり得ないとしていた。次善のものは、英米が協力して日独両方と戦う、というものであり、チャーチルはこの戦略を追求するべきであると考えていた。そして三番目のケースは日米がこのまま欧州戦争を傍観していること、最悪のケースはアメリカが中立を保ったまま、日英戦争が勃発することであった。[1]

一九四〇年はちょうど三番目の状態にあたる。この状態から、次善に持っていくのも、最悪に転がり落ちるのも、すべてはチャーチルの手腕にかかっていたといっても過言ではないだろう。従って一九四〇年から四一年に至るイギリス世界戦略の目標は、英独の戦いにアメリカを巻き込むことであり、そのためならば日本との戦争も仕方がない、というものであった。

一方、イギリスから見れば、日本がこの時期に南進政策を推進し始めたのはごく自然なことであった。資源の豊富な東南アジアは、主にフランス、オランダ、イギリスの植民地であったため、第二次大戦によってこの地域に生じた力の空白への進出は、日本にとって合理的な選択の一つであったと言える。チャーチルは、「フランスが崩壊した時（一九四〇年六月）に、どうして日本が（東南アジアに）打って出なかったのか、我々は不思議に思った」と感想を漏らすほどであった。従って日本の南進はイギリスにとって十分に予測できたことであったのである。

しかし、日本側では南進を目指す海軍と北進を目指す陸軍の間で戦略の乖離があり、南進を日本の国策とするためには陸軍が南進に方針を切り替える必要性があった。具体的な南進策については、一九四〇年五月頃、陸軍省軍務局軍事課長、岩畔豪雄大佐が軍事課高級課員、西浦進中佐に南方作戦について研究する必要性を伝えたことが契機であった。西浦は蘭印（オランダ領東インド）を急襲して重要資源地域を占領確保する要領を「対南方戦争指導計画」と題する私案として起草し、参謀本部の一部に配布した。[2]その後の会議で陸軍省軍事課は、西浦が起案した「対南方戦争指導計画案」を提示して、シンガポールの奇襲攻略を提起したという。このように陸軍内では、欧州におけるドイツの快進撃に伴って南方進出に関心が集まっていたことが窺える。ただし陸軍にとっての南進とは、英米を分離した上で対英蘭限定作戦を行なうという、いわゆる英米可分論に立脚した戦略であった。

これに対して海軍の方は従来から南方進出の機会を窺っており、陸軍が南進に傾いたことに基本的には賛成であった。海軍軍令部ではドイツ軍がノルウェーに進攻した頃から欧州戦局の見通しについて検討され始め、一九四〇年四月頃にオランダの中立が侵犯された場合の蘭印対策をまとめている。また南進は日中戦争の解決を妨げないことが重要で、日・蘭印関係の緊密化等によって米英等を牽制することは必要であるが、米英との戦争にならないようにすべきであるとした。[3]

海軍はその命綱ともいえる原油をアメリカからの輸入に頼っていたことから、アメリカの出方には神経質にならざるを得なかったのである。海軍の大勢は「長期対米戦に自信なし」という考え方であったが、対米戦を名目に戦備拡充を行なっている以上、本音を公言するわけにもいかず、公式には英米不可分を掲げて、対米戦を引き起こすような対英蘭戦争は極力回避すべきであるという立場を貫いていたのである。

つまり陸軍は「英米可分」、海軍は「英米不可分」という前提に立っており、日本にとっても南進を実行する上で英米の関係をどう見るかは重要な課題となっていたのである。

ちなみに現代の我々からすれば、英米が結束するのは当然だろうと思いがちであるが、実際この段階で日英戦争が勃発した場合、アメリカは介入せず、アジアにおける大英帝国は崩壊していたと考えられる。そして大英帝国にはもはや武力を用いて日本と一戦交える余力はなく、そのインテリジェンスと外交だけが頼りであった。しかし肝心のインテリジェンスは上手く機能せず、それによってイギリスの対日政策はさらに苦しい立場に追いやられるのである。

イギリスのジレンマ

日中戦争勃発以降、イギリス、フランス両国は、それぞれビルマ・ルート、仏印ルートを経由して、当時の中国を率いていた蔣介石政権へ対日抗戦の援助を行なっていた（図4）。仏印ルートからはおよそ月一万トンのガソリンや軍需物資、ビルマ・ルートからは月三、四〇〇〇トンの物資が供給されていた[4]ため、日本軍としてはこのような英仏の対蔣支援を苦々しく思っていたのである。そのような中での先に述べたような欧州情勢の激変は、日本側に援蔣ルート遮断の機会を与えたのであった。

六月一九日、参謀本部情報部長、土橋勇逸少将は駐日英武官バーナード・ミュレリー大佐

図４：ビルマ・ルートと仏印ルート

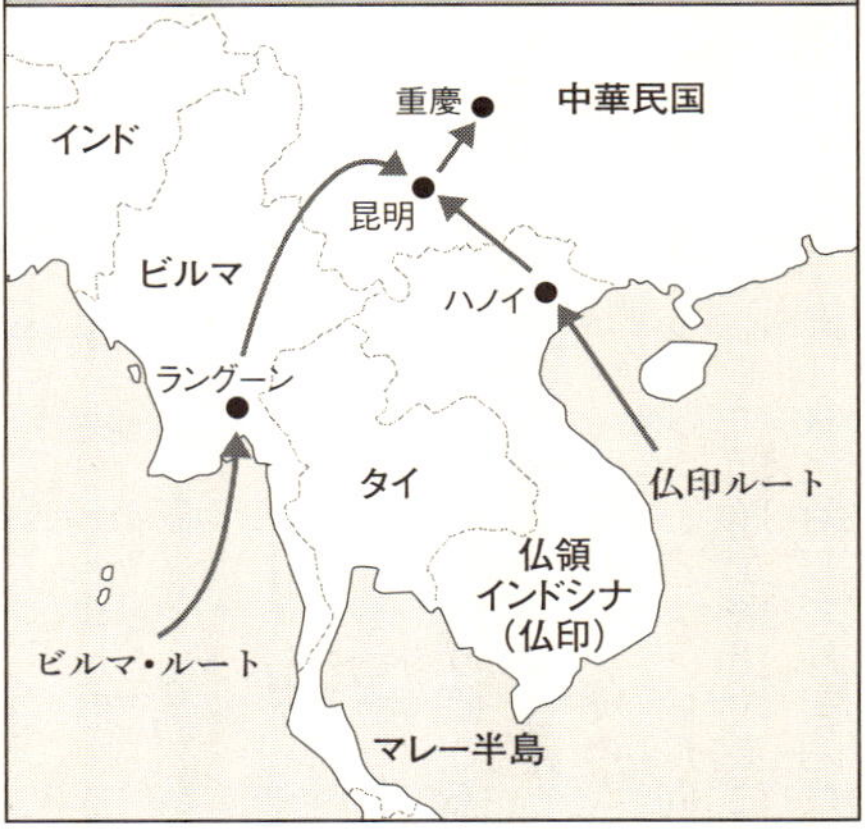

に対して、①ビルマ・ルートの閉鎖、②香港国境の閉鎖、③上海からの英軍守備隊の撤退、を求めていた。[5] この要求は事実上、中国大陸からイギリス勢力を一掃しようとするものであった。ビルマ・ルートが封鎖されれば中国の対日抗戦能力は減退し、それは日本による中国大陸制覇の危険性を伴っていた。しかし前述のようにイギリスは実力で日本に対抗する手段を持ち合わせていなかったため、日本の要求を強硬に却下することもできなかったのである。日本の要求を容認できないが拒絶することもできない、というのがイギリスの抱えたジレンマであった。

東京からの報告に接した英外相ハリファクス卿は、イギリス一国では日本に対抗できないと悟り、まずアメリカの出方を窺おうとして、ワシントンの駐米英大使ロシアン卿に対して以下のように書き送った。

「明らかなのは、アメリカの極東への無関心が危機を加速させているということだ。（中略）アメリカには二つの道が残されている。一つは日本に対する禁輸措置とシンガポールへの米艦隊派遣だが、これを過度に行なうと日本との戦争を招くだろう。もう一つは日本に対して具体的な提案を行なうことによって、日本の侵略的な意図を弱めることである。（中略）もし合衆国政府が我々をサポートしてくれるなら我々はそちらとの協力に踏み切る用意がある[6]」

ロシアンはハル国務長官に会って英極東戦略の窮状を訴えたが、ハルは「私はどのようなアドバイスもする立場にない」と冷淡にコメントするだけであった[7]。その結果、イギリスはアメリカ抜きで問題を解決しなければならないことが明らかになった。

一方、七月一日のBJ情報は、横浜港から南シナ海に向けて日本陸軍一個師団が輸送され、この兵員輸送がイギリスに圧力をかけるものであることを示唆していた[8]。またGC&CSは、日本外務省からロンドンの日本大使館に向けた、「欧州情勢に鑑みるに、イギリスに圧力をかけ（ビルマ・ルート）問題を解決するには絶好の機会である[9]」という訓電を解読しており、日本が間もなくイギリスに対して外交的攻勢に出ることを察知していたのである。

すなわちこの段階で、日本がイギリスに外交的譲歩を迫っていることと、アメリカが極東においてイギリスを援護しないことは既に明白であった。これらの情報を受け、ホワイトホールにおいて日本の要求にどう対応するのかが検討されることになる。

対日宥和策の選択

日本からの要求を受け、チャーチル首相は日本の敵意を不必要に煽ることはないと日本に対する宥和策を提唱していた。[10]それに対してハリファクスは、日本の要求を拒むべきであると強硬に主張していた。本来ならチャーチルが強硬に訴え、ハリファクスが宥和的になる構図であろう。恐らくハリファクスが強硬に出たのは、自らが犯したミュンヘン宥和（一九三八年九月、ミュンヘン会談において英仏はドイツとの対決を恐れ、チェコのズデーテン地方をドイツに割譲した。宥和外交の失敗例としてよく引用される）の反省もあるだろうが、イギリスにとって日本の要求がかなり理不尽に映ったこともある。

この時期、イギリスは日本がシベリア鉄道を経由してドイツに物資を供給することに懸念を抱き、物資の流れを止めるための交渉を日本側と行なっているが、日本側は交渉を不服として受け入れなかった。[11]従って日本がイギリスに対して求めた援蔣ルートの閉鎖は、イギリスにとってさらに受け入れがたい提案だったのである。

またハリファクスの強硬な意見は、英外務省の見解を反映したものでもあった。この時ホワイトホールでは、日本の要求に反対の姿勢を取る外務省と対日避戦を掲げる軍部との対立が生じていたのである。七月四日、参謀本部は戦時内閣に対して、現段階では対日戦は好ましくなく、シンガポールに艦隊を派遣する余力もないことを報告していた。[12]

これに対して外務省は以下の理由によって、日本の要求を断るべきであるとしていた。まず軍事的にイギリスは極東でアメリカの支援を得られないが、日本側から見ればアメリカの去就は曖昧で、英米可分の確証がない。経済的には日本が南進した場合、日本は英米の経済制裁というリスクを負うことになる。そして日本人は思慮深く、思い切った行動を取ることはそれほどない。また日本人は抵抗しないと漸進してくるし、抵抗すれば引き下がるという性質があるので、この場合は抵抗するべきである、というものであった。[13]

このような外務省の主張はかなり正鵠を射たものであったが、その一方で、外務省は極東における英軍の状況には無頓着であった。そもそも一九三九年九月に第二次大戦が勃発して以来、イギリスは極東戦略を詳細に検討したことがなかったので、一体極東英軍の状況がどうなっているのかということすら把握できていなかったのである。

これに対して政治情報部（ＰＩＤ）はもはや日本の圧力をかわすことはできないと判断しており、バトラー外務政務次官もアメリカの援護がない以上、イギリスは単独で極東における平和を実現するべきであると考えていた。バトラーに拠れば、少なくともバトル・オブ・ブリテンの帰趨が明らかになるのと、一一月のアメリカ大統領選挙が終わるまでの時間を稼ぐことが重要であった。[14]

さらにヨーロッパにおいては、イギリスの同盟国であったフランスがドイツに降伏し、仏印総督ジョルジュ・カトルー陸軍大将が本国政府に諮ることなく、独自の判断で仏印経由での援蔣ルートを全面的に封鎖していたのである。カトルーの判断は日本に仏印侵攻の口実を与えるぐらいなら、妥協する方がまだ良いというものであった。

このような混乱の中、東京のクレイギー駐日英大使は妥協案を外務省に提出していた。それは雨季の間はビルマから中国への輸送が滞ることを理由に、バトル・オブ・ブリテンの帰趨が明らかになるまでの時間稼ぎとして、ビルマ・ルートの三か月の暫定的な閉鎖を提案していたのである。[15]同時にクレイギーは、日本がドイツに接近しつつあることを報告していたため、早急な対日宥和策が必要とされ、早くも七月一〇日に戦時内閣はクレイギーの案を承認したのであった。[16]

そして同時に、日本との戦闘に巻き込まれて降伏するよりは、事前に撤退する方がまだましであるとして、上海駐留の英軍部隊に事実上の撤退の決断が下されている。[17]その結果、七月一七日、東京において有田八郎外相とクレイギーの間で、ビルマ・ルートの三か月間の閉鎖と日中戦争の平和的解決を図ることが取り決められた。

結局ハリファクスの対日強硬案よりも、クレイギーの一時的な対日宥和がホワイトホールでの支持を集めた形となった。これは軍部やチャーチル、バトラーらがクレイギーの案を支持した結果であるが、この時期、GC&CSが有益なBJ情報を得ることができなかったため、イギリスは日本の外交的な意図を詳細に知ることができなかったのである。そして確実な情報がない以上、ホワイトホールは東京のクレイギーの報告に頼らざるを得なくなっていた。また、たとえこの時点でイギリスが日本に関する情報を摑んでいたとしても、それらを有効に利用する余地はなかったと言えるだろう。

イギリス極東戦略の再検討

日本の南進の意図とそれに伴うビルマ・ルート問題は、ホワイトホールに極東戦略の再検討を促した。それは、ビルマ・ルート閉鎖によって稼いだ時間における火急の懸案となったのである。英極東戦略の前提は、アメリカが極東問題に介入するまで日本との対決を回避しなければならないということにあった。

七月三一日、シンガポールの極東統合局（FECB）は通信傍受によって、日本軍が香港占領を計画していると報告していた。[18]この傍受情報は一部が欠けていたため不明瞭であり、恐らく仏印進駐の準備を進めていた南支那方面軍第五師団の動きを捉えたものと考えられる。いずれにせよ日本の南進を止めるために実行されたビルマ・ルート閉鎖は、日中戦争の解決をもたらすどころか、早くも裏目に出つつあった。

このような日本側の動きを知らされたチャーチルは痺れを切らし、「もし日本が蘭印に攻撃を仕掛けるならば、シンガポールが危険に晒されなくても我々が対日戦に踏み切ることを日本に警告するべきである。戦争初期の段階では潜水艦と高速の巡洋艦があれば何とかなるだろう」[19]と提案するに至っているが、さすがに海軍のダドリー・パウンド提督はこのチャーチルの案を現実的ではないとして反対している。

ここで陸海空軍から成る英統合参謀本部は、第二次大戦勃発以来、初めて極東における英軍の状況を再検討することになった。その検討に拠れば、英海軍は地中海に釘付けになっており、極東では艦船も航空機も不足している。アメリカの支援も望めない。他方、日本軍は中国の沿岸部をほとんど制圧しており、極東の現状はイギリスにとってかなり悪化している。さらにこれ以上の日本の南進はマレー及びシンガポール防衛を困難にする、ことなどが明らかになった。そして劣勢な兵力によるシンガポール及びマレー防衛のために、①華北地方に駐屯している英部隊の撤収、②仏印、香港防衛の放棄、③蘭印との対日戦略協力、などが打ち出された。[20]

しかしこの参謀本部の計画には幾つかの問題点も付きまとっていたのである。まず、軍部はシンガポール要塞の堅固性に自信をもっていたため、シンガポール防衛に割く軍備を控え目に見積もっていた。この点ではチャーチルも同じ見解であった。そしてもし蘭印のみが日本に攻撃された場合、イギリスは石油の宝庫である蘭印を守らなければならない、というさらなる負担を抱え込まなければならなかったのである。これらの内在的な問題に加え、さらに問題となったのはこのようなイギリス側のプランが日本側に漏洩してしまったことであった。

この日本への情報漏洩は、「オートメドン号事件」として知られている。[21] これは一九四〇年一一月一一日、イギリス船オートメドン号が上記のプランをリヴァプールからシンガポールに輸送する途中、船が独海軍に拿捕《だほ》され、機密書類がドイツ側に渡ってしまった事件である。そしてこの書類は一二月に駐日独武官パウル・ヴェネカー少将から海軍軍令部次長、近藤信竹中将に手渡されている。英統合参謀本部のプランに拠れば、イギリスは日本が仏印に侵攻してもそれに対して武力的抵抗を行なわないとしていたため、この書類は日本の南進を促すことになったと言われている。[22]

参謀本部の戦略とオートメドン号事件によって明らかになったことは、イギリスは単独で対日戦を行なうことは不可能であり、もし日本がさらなる南進を行なえばこれを防ぐ手段を持ち合わせていない、ということであった。このような極東戦略の問題を解決するためには、イギリスは時間を稼ぎつつアメリカの介入を待つ、という方針のみが残されていたのであった。イギリスは本国だけでなく、極東においても窮地に立たされていたのである。

二　日本の北部仏印進駐

戦争行進曲の始まり

イギリスはようやく極東情勢を検討することにより、極東で自らの帝国が置かれている立場を理解した。その結論は悲観的なものであったが、情勢を検討している間にも日本は次の手を打ってきたのである。それは仏印ルートを遮断するための、北部仏印進駐であった。

日本の北部仏印進駐に関わる日英の対応には興味深いものがある。大橋忠一外務次官が「戦争行進曲のスタートは、形式的には三国同盟であるかもしれないが、実質的には北部仏印進駐である」[23]と述懐しているように、日本軍の北部仏印進駐は日本の本格的な南進政策の始まりであり、東南アジアにおける日本帝国と英帝国との対立の始まりでもあった。しかしイギリスとしては、既に仏印の防衛を諦めていたため、日本が仏印に進駐してきたとしても、始めから日本に対抗する意図はなかったのである。

七月二二日、米内光政内閣が倒れて第二次近衛文麿内閣が成立し、松岡洋右が外相に任命されたことは日本の外交政策の転換を意味していた。英外務省は松岡と重光葵駐英大使の関係が近いこともあって傍観の姿勢を取っていたが[24]、二七日の大本営連絡会議で採択された

「世界情勢の推移に伴う時局処理要綱」によって北部仏印への進駐が決定していたのである。[25]

早くも八月一日、松岡はシャルル・アンリ駐日仏大使を呼びつけ、「日本軍隊の仏印通過及び仏印内飛行場使用の容認並びに右軍隊用武器弾薬其の他の物資輸送に必要なる各種便宜供与方を要求する。（中略）もし仏印がこれを容れざる場合には或いは形式においても中立を侵すことになるやも知れぬ[26]」と強硬な姿勢を見せつつあった。

アンリからの報告を受けたフランスのポール・ボードワン外相は、「不幸なことに状況はとてもわかり易い。もし我々が日本の要求を断れば、彼らは無防備な仏印を攻撃するだろう。もし我々が日本と交渉したとしても、恐らく仏印は失われるだろう[27]」と書き残しているように、仏印は日本に対して戦う兵力もほとんど保持していなかったため、このような日本からの要求に接したボードワンはイギリスに助力を求めることとなる。

フランスは一九三九年六月のシンガポール会議において、極東におけるイギリスとの協力を謳っていたため、この会議に基づいてジャン・ドクー仏印総督は英極東艦隊司令官パーシー・ノーブル提督に援助を要請していた。[28] しかし問題は仏印の立場であった。フランス本国は既にナチス・ドイツの支配下にあり、ヴィシー政府は一九四〇年七月にイギリスと国交を断絶していた。ドクーの前任のカトルーはド・ゴール派であったが、ドクーはヴィシー政府に忠実であった。その上イギリス本国はバトル・オブ・ブリテンの最中であったため、対仏援助など論外であった。

イギリスは、シンガポールのＦＥＣＢが日本海軍の通信を傍受していたことによって、関東軍、支那派遣軍の航空部隊が、仏印に対する威圧のために南支那方面軍に送られていることを摑んでいた。[29]またPIDは日本の仏印への要求が、近衛新内閣の枢軸傾倒外交の現れであり、また日本の南進の始まりであると捉えていた。[30]そしてそれらの情報を基に、ワシントンのロシアン英大使はサムナー・ウェルズ国務次官を訪れて仏印の状況が逼迫《ひっぱく》していることを伝えている。

また在米仏大使館は国務省に日本からの要求をリークして仏印の苦境を訴えているが、[31]ウェルズは「合衆国政府は武力によるいかなる現状変革も認めない」[32]というお決まりの文句を繰り返すだけで行動を起こす気配はなかった。

この時期ローズヴェルトは大統領選挙を控えていたため、アメリカが戦争に巻き込まれるような状況で介入するわけにはいかなかったのである。結局、国務省が行なったことといえば、八月七日に駐日米大使ジョセフ・グルーが松岡を訪問し、「新聞記事に拠れば」と前置きした上で日本の真意を問いただしたことであるが、松岡はこれを突っぱねたのであった。[33]

FECBの通信情報は七日の英戦時内閣閣議の議題として取り上げられ、[34]さらにその二日後、クレイギー駐日英大使が松岡を訪問している。ただしイギリスの態度はかなり消極的で、ハリファクス英外相はクレイギーに宛てた「英国政府は極東の現状維持を変革するような、日本の仏印へのいかなる要求にも無関心ではいられない」というフレーズをわざわざ消去するに至っている。[35]さらにクレイギーは上海に駐屯している英部隊を撤退させると日本側に通告しており、イギリスが仏印問題をめぐって日本と事を構える意図がないことを仄《ほの》めかしていた。[36]

他方、日本側はこのようなイギリス側の消極的な態度を通信傍受によって知ることとなった。例えばハリファクスは、ロシアンに対して、以下のような訓令を出している。

「英政府は現状においては直接介入、あるいは飛行機及び軍需品を供給して仏印を援助する立場にあらざること明らかなり」[37]

日本海軍軍令部はこの外交通信を傍受、解読していたため、北部仏印進駐がイギリスの介入を招くことはないと確信していたのである。海軍のみならず陸軍も同じように暗号解読活動を行なっており、平和裏に北部仏印に進駐する限り米英の干渉を受けないとした陸海軍の判断は、ある程度このような情報収集によって裏付けられていたものと考えられる。[38]

松岡は八月一一日、松宮順―アンリ会談の内容を外交暗号によって沢田廉三駐仏大使に送信しており、これはGC&CSによって傍受、解読され、『タイムズ』紙にリークされているが、[39]この情報によってイギリスが日本に働きかけた様子は見られない。イギリスは欧州戦で切迫しており、日本の南進の兆候を摑んでおきながらほとんど何もできない状況であった。ただしイギリスが仏印問題に関して消極的な態度を見せた理由に、ドイツの問題があったことを明記しておかなくてはならない。この時期、日独関係は米内内閣から続く冷却関係にあったため、英外務省は日本の仏印に対する野心とドイツの思惑が必ずしも一致していない点を指摘している。[40]従ってイギリスとしてはまず、日独関係を見極める必要性があったが、この時期、GC&CSを含む英情報組織は日独関係の進展についてほとんど情報を得られていない。クレイギーもオイゲン・オット駐日独大使の動向を報告していたが、決定的なものはなかった。[41]九月にハインリヒ・スターマー特使が来日して三国同盟の交渉を行なっていた時でさえ、英外務省では日独間で同盟が結ばれるとは信じられていなかったのである。[42]

またこの時期のBJ情報は、日仏間の外交交渉の様子を捉えていた。それは日本が仏印に対して武力に訴えるよりも、外交的手段で慎重に事を運ぼうとしていることを示していたのである。PIDは日本が強硬な手段に出ることはないだろうと報告していたため、この時点ではまだホワイトホールには状況を見極める余裕があった。[43]よってこの時期、ホワイトホールは仏印問題をほとんど傍観することになったのである。結局米英からの干渉を受けることなしに、東京における松岡―アンリ交渉は八月三〇日に妥結している。

静観するアメリカ

九月に入ると東京での協定成立を受け、ハノイにおける現地細目交渉が開始された。九月三日にはハノイのヘクター・ヘンダーソン英公使が交渉に関する情報を入手し、日本側の仏印への要求は、飛行場、鉄道の使用権、これら施設を守る日本軍五〇〇〇人の駐留、であるとロンドンに報告している。[44]この交渉ではフランス側はドクー、日本側は西原一策陸軍少将が任に就いていたが、問題は参謀本部の権威を振りかざす富永恭次少将の存在であった。この時、富永はあわよくば仏印への独断進駐を実現してしまおうと画策しており、九月五日までの期限をつけて南支那軍へ北部仏印進駐攻略準備の指示を出したのであった。

この情報を聞きつけたヘンダーソンは、ロンドンに対して「日本軍の攻撃が五日に始まるらしい」[45]と報告するに至っている。この報告を受け、ＰＩＤは「日本側が五日を期限に最後通牒を送ったため、我々としても仏印を支援するかどうか早急に決断しなければならない」と判断している。[46]そしてハリファクスはクレイギーに日本側の真意を探るように訓令を発したのであった。クレイギーは大橋次官と会談しているが、大橋は最後通牒に関しては否定している。

また、クレイギーの集めた情報に拠れば、日本が仏印領内におけるフランスの主権を認めていることが明らかになったため、一時的にイギリスの危惧は沈静化した。[47]そして英外務省はワシントンのロシアン大使に対して以下のような訓令を発している。

「日本はまだ武力侵攻の準備が整っていないようなので、しばらくは対策を練る猶予ができた。（中略）東南アジアの情勢に鑑みる限り情況は好転しそうにない。しかし米海軍がシンガポール基地を訪れてくれるだけでも、日本に与える影響は絶大であろう。とにかく仏印問題に関して合衆国政府と話し合ってもらいたい」[48]

この段階では英米の共同対日警告が日本を抑止し得ると考えられていたが、前述のようにアメリカは仏印問題に介入する気はなく、アメリカの協力を得られない状況ではイギリスも手の打ちようがなかった。そしてハノイでは西原・マルタン協定（西原がモーリス・マルタン仏印陸軍司令官と会談し、九月四日に成立した軍事協定。日本軍の北部仏印への進駐を事実上認めるものであった）が調印されるに至っている。

仏印での状況を整理する意味で九月五日、陸軍情報部（MI2）から合同情報委員会（JIC）にレポートが提出されている。このレポートに拠れば、仏印軍を構成する現地人部隊は日本軍と質的には変わらないとしながらも、仏印軍一個師団に対して南支那軍三個師団という数の差はどうしようもなく、もし戦闘になれば仏印は一か月で占領されてしまうだろう、という評価であった。また仏印軍は空軍力を決定的に欠いており、戦闘機の数はわずか十数機という有様であったため、仏印の抵抗は絶望的であると考えられた。[49]

しかし六日、状況は急変する。日本軍による仏印領土侵犯事件が起こったため、マルタンは西原に対して交渉の無期限延期を通告した。ヘンダーソンも七日にはこの情報をロンドンに報告している。[50]

ドクー仏印総督はこの間に各方面から兵力を集め、日本軍との対決姿勢を強めつつあった。ドクーはヘンダーソンに対して、香港に配備されている訓練用の飛行機を供給してくれるよう要求していた。ロンドンのベネット外務省極東部長は、このドクーの要求を東南アジアにおけるマレー防衛に有益であると判断し、空軍省に飛行機の供給について打診していた。[51]また、ヴィシー政府では対日抗戦準備のため、ボードワン仏外相が顧維鈞駐仏中大使に対して仏印防衛計画を伝えていた。そのプランでは、まず東アフリカのジブチから四〇〇〇人の仏兵を仏印に輸送し、さらに仏領西インド諸島のマルティニーク島から一四〇機の航空機をかき集めることを通達しており、この案は駐英中大使を通じてバトラー外務政務次官にも伝えられている。[52]

フランスがイギリスに求めたのは、これらの部隊移動を黙認することであった。英海軍は七月にアルジェリアで仏艦船を敵と見なして撃沈しているため、仏軍の移動には英海軍の協力が不可欠であった。ベネットはこのようなフランスの計画には好意的であったが、既に仏海軍と戦闘を交えている海軍がなかなかこれを了承しなかったため、この計画は迅速には進まなかった。[53]

この件に関しては九月八日、他国の抗戦に関する委員会（通称「モートン委員会」：イギリスの同盟国にどれほどの対独抗戦能力があるのかを調べるために設置された委員会。元産業情報部のモートンが委員長を務めたことからこう呼ばれた）[54]で検討され、ジブチからの兵員輸送については戦時経済省の判断を待つこと、マルティニーク島からの航空機輸送は、アメリカの勢力圏なので、アメリカと協議していくという結論が導かれた。[55]モートン委員会も最終的には仏印に対日抗戦用の武器を与える方針であったようである。

一二日、在米英大使館は国務省宛てに以下のようなメモワールを提出している。

「ハイフォンからの情報によれば、日本政府が仏印当局に最後通牒を突きつけた。英国政府はこのことに関して落胆せざるを得ない。（中略）英国政府が知りたいのは、合衆国政府が駐日米大使を通じて、日本政府へのさらなる抗議を行なう用意があるかどうかなのだ[56]」

ワシントンのネヴィル・バトラー英公使はスタンリー・ホーンベック国務省政治顧問に対して、ハノイからの情報によりヴィシー政府が日本側の要求に屈しそうであると米側にも危機感を訴えていた[57]。しかしイギリス側の再度の要求にもかかわらず、ハル国務長官は仏印問題に介入するつもりはなかった。ハルはロシアン駐米英大使とリチャード・ケーシー豪公使に対して、「日本の要求実現をできるだけ引き延ばすことは重要であるが、日本は敢えて武力攻撃に出ることはないだろう[58]」と話している。

一方、英外務省は東京のクレイギー駐日英大使を通して、「もし日本が南進を続けるというなら、英国政府はビルマ・ルート協定を見直さざるを得ない」とビルマ・ルート再開を仄めかして、日本に外交的圧力を加えようと画策していた[59]。これにはクレイギーが日本の反感を買うとして反対していたが、ベネットは、「そもそも日本が我々に疑いを持たせるような行動を起こそうとしていることが問題である」としてクレイギーの意見を却下している[60]。

結局英外務省が導き出したのは、アメリカからの援護が期待できない以上、控え目に日本に対して抗議を行なうことであった。元々イギリスは北部仏印を死守する意図を持っていなかったため、日本に対して牽制球を投げられればそれで良かったのである。

三国同盟と極東委員会の設立

九月一六日、日本の仏印への行動を牽制するために、クレイギーが松岡を訪れた。ところが松岡は日本海軍の通信傍受情報によって英米仏印間の紐帯を見抜いていたため[61]、逆にクレイギーに対して「仏印総督は仏印の英米中公使と結託して時間稼ぎを促しているようだが」[62]と問い詰めることになる。返答に困ったクレイギーはそれを否定するだけで、結局、松岡に対して警告を与えるまでには至らなかったのである。

このような松岡の対応は、いかに外交交渉にとって事前の情報が有効であるかを如実に示している。この時期、日本は情報を得ることによって、仏印問題に関するイギリス側の抵抗を外交的に封じ込めたのである。

逆にイギリスは日本に関する情報を十分に収集しておらず、イギリスの対日外交は軍事力の後ろ盾だけではなく、英外交に不可欠である情報をも欠いていたのである。もしイギリスが日本の意図を詳細に把握していたならば、イギリスは日本に対してより強硬に抗議できたし、またそのような情報をマスコミにリークすることも可能であった。そして一九日のモートン委員会では、ジブチから仏印への兵員輸送は、仏印の現状から見れば焼け石に水であり、ほとんど対日抗戦力として意味を持たないという結論が下された[63]。

他方、ハノイにおいては西原とマルタンによる第二次現地交渉が再開されていた。シンガポールのFECBは東京からハノイへの訓令を傍受、解読し、日本軍の進駐開始が九月二二日になることを摑んだものの、解読に成功したのは進駐直前の二〇日であり、この時点ではほとんど手の打ちようがなかった[64]。この時イーデンは、「秘密情報は日本軍の進駐が二二日になることを示唆しているため、ジブチから仏印への兵員輸送は間に合わないだろう。我々にできることはただ事態の推移を見守るだけだ[65]」とほとんど諦めの目で仏印の状況を眺めていたのである。

ハノイのマルタンにとっては、英米からの支援が望み薄である以上、西原との交渉の妥結を探るより道はなかった。マルタンは仏印に駐留する日本兵の数については留保条件を付けながらも、二二日にはついに西原との現地協定に調印した。協定の成立が中央の定めた進駐開始の日付と重なったため、前線部隊への通告が遅れ、二三日以降北部仏印内で日本軍と仏軍の散発的な戦闘が生じている。

北部仏印進駐後、仏印ルートを通過する援蔣物資の流れは、主要な経路による大量輸送については停止が徹底され、援蔣物資の滞貨についても日本がかなりの量を獲得することができた。しかし仏印から中国への輸送は完全には止まらなかった。そしてイギリスは七月に閉鎖したビルマ・ルートを予定通り一〇月に再開している。このような状況を受け、日本陸軍内では北部仏印だけでなく、南部仏印へも進駐すべきであるという声が次第に高まっていくことになる。

北部仏印問題に対して、イギリスはほとんど無策であった。ホワイトホールはある程度の情報を得ていたが、情報を分析する過程でイギリスは仏印問題に介入する余裕のないことが明らかになっていた。そもそもバトル・オブ・ブリテンの最中では、イギリスに余力がなかった上、七月三一日の参謀会議で、仏印はイギリスの勢力圏外であると考えられていたのである。このようにイギリスには、初めから仏印を支援する意図がなかったと言える。

モートン委員会やＪＩＣの判断では、イギリスは仏印の対日抗戦を間接的に援護することが可能であり、外務省も日本の南進に歯止めをかけようと苦心していた。しかし、軍部が同調しなかったうえ、状況の展開が早すぎて対応が追いつかなかった。さらにこの時期、日本はイギリス以上に仏印やアメリカの動向について情報を摑んでいたため、イギリスによる外交的牽制も上手く働かず、結局仏印は英米から見放された形となったのである。

しかしイギリスにとって決定的だったのは、むしろ九月二七日の三国同盟の締結であった。前述のようにイギリスはＢＪ情報によって事前にその兆候を摑むことができなかったため、同盟の調印はまさに青天の霹靂《へきれき》であった。日本の三国同盟の調印は、イギリスにとって日本がイギリスの敵側に付いたことを明示するものであり、イギリスとしても対抗措置を打ち出さざるを得なくなっていた。イギリスは一〇月一七日を期限としてビルマ・ルートの再開を日本に通告しており、チャーチルもこの決定が日本との戦争を招かないことに自信を持っていた。[66]

そしてホワイトホールは、対日政策（主に経済政策）を検討する極東委員会（ＦＥＣ）を設立して本格的な対日政策の検討に乗り出している。バトラー外務政務次官を議長としたこの委員会は、それまで省ごとでばらばらであった対日政策をまとめるためのものであり、ビルマ・ルート、仏印問題での失態に鑑み、日本に対する効果的な政策を打ち出すことを目的としていた。

ハリファクスは極東委員会の役割を、「日本に対して節度を失わない程度に足止めをする方法を探る」[67]と定義付けていた。これは言い換えれば日本との戦争を招かない程度に日本を牽制するような政策、すなわち対日経済制裁の模索であった。また極東委員会は仏印のさらなる弱体化を招かないように、タイを日本の勢力圏にしないこと、アメリカの関心を極東に向けることなどを当面の課題として掲げていたのである。[68]

まとめ

イギリスのインテリジェンスにとっての問題は、まず十分な情報を得られないことにあった。ビルマ・ルート問題に関しては、事前の情報が不十分であったことによってイギリスの対応は後手に回ってしまい、結局有効な対日政策を採ることが不可能になってしまった。このことはインテリジェンスを伴わない英外交が、いつものように国力以上のものを引き出して問題を解決することはできなかったことを如実に表している。

北部仏印問題において情報量の不足はより深刻であったと言える。本来ならイギリスは事前に情報を得て、日本の行動を遅延させ、仏印を支援しなければならなかった。しかし日本は北部仏印に関する数々の交渉に際して、GC&CSの解読できないパープル暗号や軍事暗号を使用しており、イギリスはBJ情報から情報を得ることができなかったのである。よってホワイトホールは東京やハノイからの報告によって状況の推移を推測しなければならなかったが、このような報告はBJ情報に比べると精度が落ちるため、その後の情報分析も不徹底なものとなる。

また情報分析過程においても、包括的に極東情勢を扱う組織はあまり整備されておらず、この弊害はビルマ・ルート問題の際に生じた外務省と軍部、戦時内閣との意見の相違にも現れてくるのであった。

結局そのような状況の下で行なわれた判断は、極東問題には極力介入しない、という消極的な結論しか導き出すことができず、クレイギーは十分な情報のないまま松岡に抗議を行なわなければならなかったのである。そしてこのような不十分な情報と分析は、前述の「ただ事態の推移を見守るだけだ」というイーデンの諦観に繋がる結果に終わった。

このような極東政策における不手際は、ホワイトホールにおけるインテリジェンスの情報収集過程と分析過程の改良を促したのであった。情報収集に関しては、日本の外交暗号に対する解読能力を高めるため、一九四〇年一〇月頃からGC&CSがアメリカの暗号解読チームとの技術提携を進展させつつあった。そして情報分析に関しては、極東問題の再検討と極東委員会の設置に繋がったのである。これらの対日情報活動は、早速一九四一年初頭の危機において試されることとなる。

またビルマ・ルート問題や三国同盟締結によって、ホワイトホールは日本が非妥協的というだけでなく、イギリスの敵側に付いたことを悟った。従ってイギリスは一九四一年以降、極東政策を十分に検討するため、対日情報活動をより重視することになった。日英関係は一九四〇年九月を境に対決の道へと突き進んでいくのである。

第五章

危機の頂点

一九四一年二月極東危機

当時の英国政府暗号学校（GC&CS）

一　イギリス極東戦略最大の危機

二月極東危機とは

既に述べてきたように、シンガポールを中心とするイギリス極東帝国は、軍事力によって日本からその領土を守れるかどうかも怪しい状態であり、本来なら英領マレーの防波堤になりうる仏印に対して、ほとんど何の援助も打ち出すことができなかった。そして日本が北部仏印に進駐することにより、シンガポール、香港の防衛はより困難になっていたのである。

チャーチルは陸軍情報部（ＭＩ２）のヘイスティングス・イズメイ大佐に以下のように書いている。「もし今（一九四一年一月）日本が我々に対して戦争を行なえば、我々には香港を守るわずかな望みすらもないだろう」[1]。そしてそのような中で突如生じたのが、一九四一年二月の極東危機と呼ばれるものであった。

二月極東危機は文字通り英極東戦略にとっての危機、それも第二次大戦勃発以降、最大の危機であったと言える。それはチャーチルの言葉を借りれば、極東におけるイギリスは「風に晒された藁《わら》[2]であり、まさにアジアにおける大英帝国は剣が峰に立たされることになる。他方、インテリジェンスの観点から言えば、この二月危機ほど英外交戦略が秘密情報、特にBJ情報に依存していたという事実を明らかにしてくれるものはないのである。

二月危機とは一九四一年二月初旬、イギリス国内で東南アジア地域における日英戦争の可能性が大々的に報じられたことにより引き起こされた危機的状況のことである。当時の新聞が一斉に日英の衝突の可能性を報じたため、一時的に日英の外交関係が緊張し、日英関係は一触即発の状況まで追い込まれたのである。

そもそも事の発端は、一九四一年二月に日本軍が仏印に圧力をかける意味で行なった軍事的示威行動であり、その動きを察知したイギリスが危機感を強めたために、新聞紙上などで日英戦争の可能性が大々的に報じられたのであった。

研究者の間でこの危機は、イギリス情報部、もしくは政策決定者たちが意図的に創り出したもので、イギリスはこのような危機感の鼓舞によりアメリカの関心を引き、また英米の一体化を日本側にアピールすることにより日本の南進を牽制しようとしたと言われている。[3]しかし当時チャーチル自らが二月危機を評して、「あれは日本側の巧妙な策略ではないか」と述べていることからも、イギリスが意図的に危機を煽った形跡はないのである。

またこの時期、日本が東南アジアにおいて陸海軍を動かしたのは事実であるが、それは対英戦争を睨《にら》んだものではないことは明白であった。それならば何故、突如この時期に日英戦争の危機がイギリスのマスコミによって報じられたのであろうか。それに対する解答はイギリスのインテリジェンス活動の中に見出すことができるのである。

この危機の根源は、ＢＪ情報を含む秘密情報にあった。そしてインテリジェンスを検討しながらこの危機を考察することによって、情報部からの報告が英外交戦略に与える影響を見出すことができるのである。さらに二月危機は、英米の情報活動、特に通信傍受分野での相互協力を加速させ、現在にまで至る英米の情報協力の源となった点でも興味深い。

そこで本章では政府暗号学校（ＧＣ＆ＣＳ）の果たした役割を軸に、一九四一年初頭の危機と英米の情報協力関係を見ていくことにより以下の点について考察を進めていく。すなわち、イギリスの情報活動の混乱が危機をエスカレートさせたのではないかということ、そして英米の情報協力関係が危機の打開にどの程度貢献していたのか、ということである。特に英米の情報協力に関しては未だに謎の部分が多く、事実関係を明らかにしていくために詳細な記述を試みる。

情報収集活動の機能低下

一九四〇年一一月、クレイギー駐日英大使はロンドンに以下のような報告を送っていた。

「日本人は今やソ連の攻撃と石油確保のための南進を決定したようである。日本の計算によれば、アメリカの対日政策は効果的なものとならず、もしイギリスが対日抑止の準備に着手すれば、日本は直接シンガポールを確保しようとするかもしれない。主な動機は石油なのだ」[4]

さらに一二月、極東の英秘密情報部（ＭＩ６）は、日本軍の蘭印への攻撃が二週間以内に迫っていると報告しており、[5]同じ頃、ＧＣ＆ＣＳはサンダカン（英領北ボルネオ）の日本領事館がボルネオ島の占領計画を東京に打診していたことを摑んでいた。[6]

このＭＩ６情報に関しては後に誤報であると判断され、極東ＭＩ６の情報収集能力が疑視される結果に終わったものの、これらの情報や前述のオートメドン号事件などによって、イギリスは日本の南進が迫りつつあることを感じていた。そしてこのような日本の南進に対する警戒感はホワイトホールにおいてある種の固定観念となり、その後情報部からのさまざまな警告をそのまま受け入れてしまう下地を創り出したのである。

他方、イギリスの対日通信情報収集活動においても問題が生じていた。この時期ＧＣ＆ＣＳは日本の外交暗号「パープル」を解読できなくなっていたのである。それまで日本外務省は九一式欧文印字機による通称、レッド暗号を使用していたが、防諜を意識した外務省は海軍の使用していた九七式欧文印字機に改良を加えて、新型のパープル暗号を使用し始めたのである。[7]

そしてその暗号を解読するべきＧＣ＆ＣＳは、当時急速に脅威となりつつあったドイツのエニグマ暗号解読の方を優先していたため、日本の暗号を解読することに専念できなかった。この日本外務省の新しい暗号への切り替えは、ベルリン、モスクワ、ワシントン、ロンドンなどといった各国の主要大使館から始められたと考えられるが、イギリス側がこれらの日本大使館に出入りする情報を摑めなくなることは、イギリスの対日戦略にとって致命的であったとすら言えよう。なぜなら前述のように対日情報収集はこの通信傍受に多くを頼っており、パープル暗号の出現によってGC&CSはしばらくの間、一部の重要情報を引き出すことができなくなったからである。すなわち二月極東危機に至る時期にイギリスは、日本側の意図を通信傍受によって予測することができなくなっていたのであった。

一九四一年初頭の東南アジア情勢

一九四〇年九月に日本が北部仏印進駐を行なったことは、隣国のタイ王国を刺激した。タイは一八六七年から一九〇七年にかけて、仏印へ五回もの領土割譲を強いられていたため、仏印に対する失地回復は同国民の悲願でもあった。九月一〇日、それまで中立を標榜していたタイのプレーク・ピブーンソンクラーム（以下、ピブンと呼称）首相は、メコン河右岸のルアン・ブラバン及びパクセ地方の回復のため、仏印に対して国境紛争を仕掛けることになる。

日本陸軍にとってこのタイ・仏印国境紛争は、南方進出の絶好の機会となるものであった。参謀本部第一部長の田中新一少将はこの機会に乗じ、タイに対しては来たるべき南方作戦の際の日本軍部隊によるタイ領土内の通過、補給基地や航空基地の設置、さらには共同防衛協定の締結を、仏印に対しては南部仏印への進駐、航空基地や寄港地の要求を行なうことを構想した。[8]この構想は、一一月二一日の四相会議（首相、外相、陸海相）で「泰国《タイ》の失地回復斡旋《あっせん》に関連する対泰並《ならび》に対仏印施策の件」として正式に決定される。その方針は、仏印に対して南部仏印への侵攻を含ませながら圧力をかけて譲歩を引き出し、タイに対しては失地回復の斡旋を行なうというものであった。

当時、タイ政府、軍内部は、親日派と親英派に分かれており、後者が優位と見られていた。松岡外相の認識は、「親英米勢力は七割、親日勢力は三割」であったという。[9]ピブン首相はやや日本寄りと考えられたため、日本政府としてはピブンを強力に後押しし、失地回復を進めることで首相の政治基盤を固めようと画策したのである。失地回復を悲願とするタイ政府は日本による斡旋をすぐに受け入れたが、仏印は領土割譲には応じないという態度を示した。そのため日本陸海軍は密かにタイに対して爆撃機や戦車を売り込み、タイ・仏印間の戦闘を激化させていたのである。戦闘は翌年までもつれ込んでいたが、なかなか決着が付かなかった。

この地域でのイギリスの戦略は、伝統的に英領マレーと仏印の間のパワー・バランスを保つために、仏領、英領の間にあるタイを中立国としておくことであったが、日本のさらなる南進は仏印の影響力を弱めるばかりか、タイを日本側に傾倒させせつつあった。もしタイが日本の側につけば、この地域におけるフランスの影響力を衰微させ、それはアジアにおける大英帝国の要、シンガポールに対する脅威をも意味したのである。

従って、勢力均衡の観点からイギリスは仏印を援護し、かつタイを中立に留めておくべきであったのだが、この政策には幾つかの難点が付きまとっていた。まず仏印を支持することにより、イギリスが極東での戦争に巻き込まれる可能性があった。前述のように、英参謀本部は仏印の死守を諦めていたため、東南アジアでのパワー・バランスのために武力衝突のリスクを冒すことができなかったのである。

さらにGC&CSはバンコクの日本大使館の通信傍受により、タイ・日本間の関係が見かけほど円満でないことを掴んでいたが、[10]それでももしイギリスが積極的に仏印を支持するようなことになれば、一気にタイを日本の側に追いやってしまう危険性があったのである。

その一方、タイにおいては駐タイ英公使ジョサイア・クロスビーと駐タイ米公使ハワード・グラントがタイ・仏印間の紛争をめぐって対立していた。[11]クロスビーはタイを懐柔してしまおうと画策していたが、ウィルソン的自由主義者のグラントは、クロスビーが主張するようなイギリスの帝国主義的政策に反感を抱いていたのである。

一九四一年二月一〇日、クロスビーはMI2からの情報により、日本がビルマとマレーの一部をタイに割譲することと引き換えに日・タイ間の協力を提案していることを察知していた。[12]また日本が港湾施設と飛行場の使用権をめぐってタイと交渉しているとの噂も広まり、日・タイ関係は急速に近づきつつあるように見えた。[13]

既述したように、ピブン首相は日本との関係を深めつつあった。GC&CSが傍受した情報に拠れば、一九四一年二月、ピブンは在日タイ領事館に、「イギリスはいまだ我々の良い友人である」としながらも「領土問題で急ぎすぎるのは我々にとって危険であるし、またそれは日本にも危険を招く」とタイの外交政策が日本に同調しつつあったことを仄めかしており、また日本からタイ政府にアドヴァイザーを派遣することも話し合われていた。[14]

クロスビーは、タイが日本側に傾きつつあった現状をよく認識していたが、他方、アメリカはこの地域の情勢にあまり関心がなかったようであり、グラントの対応がイギリスにとっての問題をさらに困難にしていた。タイ外相のディレーク・チャイヤナームに拠れば、「グラントは我々が忙しい時もそうでない時も、ほぼ毎日話をしにやって来る。その話といえばいつも彼が以前いたアルバニアのことなのだ！」[15]という有様であったから、この時期のグラントの楽観的な様子が窺える。またグラントは武力による領土変更を認めないとする原則主義的な立場で、仏印に攻撃を仕掛けたタイの政策に対しては批判的であり、またイギリスの対タイ政策にも消極的な態度を示していた。[16]

GC&CSは部分的ではあったがアメリカの外交暗号も解読しており、その解読記録に拠れば、グラントはワシントンに「私はクロスビーがディレークと何らかの密約を結んでいると強く疑っている」[17]と送信していた。グラントはクロスビーが仏印領土をタイに割譲して、英、タイ間の関係を改善しようとしていると考えており、それはグラントにとってチェンバレンがミュンヘンで行なった有和政策以外の何物でもなかったのである。[18]

このように秘密情報は東南アジアにおいてアメリカがイギリスを援護する可能性がほとんどなく、イギリスが同地域で孤立することを示していた。従って、英極東戦略の前提が日本との避戦にあった以上、イギリスは紛争の進展を傍観するしかなかったのである。

二 インテリジェンスの問題とその解決

情報収集過程における混乱

一九四一年一月一七日、仏海軍とタイ海軍の間でコーチャン島沖海戦が行なわれ、タイ側は旗艦「トンブリ」を含む多くの艦船を失う敗北に終わった。この戦闘結果を受け、バンコクの二見甚郷公使から「泰の敗勢近きにあり、英の調停策動表面化せり」との報告が入ったのである。[19] 日本にとって英米の政治介入は最も憂慮すべき事態であったため、タイ軍の敗北が明らかになる前に手を打たねばならなかった。一九日には陸海軍の間で「泰仏印紛争調停に関する緊急処理要綱」が直ちに起案され、両軍務局長の決裁を得ている。さらに緊急の大本営政府連絡懇談会が開かれ、日本は北部仏印への部隊派遣によって仏印に圧力を掛け、両国の即時停戦を実現しようとしたのである。

即日、印度支那派遣軍に加わる予定であった歩兵第七〇連隊に対して、日程を切り上げた北部仏印への派遣が命じられた。海軍の方でも第二遣支艦隊と連合艦隊隷下の第七戦隊、第一水雷戦隊、そして第七航空戦隊に対して南部仏印海域で威圧行為（S作戦）を行なうよう命令が下ったのである。これを受けて陸海軍の派遣部隊は、一月二五日から二九日にかけて威圧行動を実施している。

陸海軍による威圧行動は、一つ間違えれば日本軍と仏印軍の戦闘に発展する恐れがあり、その場合、フランス政府が米英に軍事的な援護を求める可能性もあった。この点については軍令部情報部第五課（対米情報）、第八課（対英・印情報）の両課長から参謀本部に対する情勢報告が行なわれている。報告に拠ると、「米は宣戦布告せざるべし」、「日本仏印に出兵するも英参戦せず」という見通しであった。[20]この段階でのアメリカによる宣戦布告の可能性が低いことは明らかであったが、イギリスの方はタイと国境を接して英領マレーを有していたため、全く可能性がないわけではなかった。

極東海域における日本軍の動きを注意深く観察していた英海軍は、当初日本軍の動きを、「タイ、仏印を交渉につかせるための手段」[21]と冷静に本国に報告していた。しかしその後、南シナ海やカムラン湾付近での日本海軍の艦隊発見報告が英海軍省に相次いで届き、[22]英陸軍情報部（MI2）では、「海南島、仏印北部における日本軍の南進の準備は整っており、あとは指令が下るのを待っている状態である」[23]といった、警告とも取れる報告が徐々に膨れ上がってきたのである。

スラバヤの英領事館も日本領事館での電話盗聴によって、日本軍の攻撃が二月一〇日に始まると警告していた。[24]さらにイギリスは東南アジア地域の情報収集に関してフランス情報部に頼っていたが、仏情報部からの報告もこの地域における日本軍の集結を示していた。その結果ホワイトホールでは、日本がドイツの大規模な攻勢に合わせて英蘭領を攻撃するのではないか、という憶測が広まり始めたのである。

またこの時期の松岡外相の挑発的な演説によっても、イギリスの危機感はさらに悪化する。一月二七日の『朝日新聞』は以下のような松岡の演説を取り上げている。

「日本の行動について正しい諒解をもたないからには我れは我れとして所信に向つて邁進するより外仕方がない」[25]

このような松岡の言葉は主にアメリカに向けられたものであったが、英外務省政治情報部（PID）によれば、松岡の外交政策がこの先、強硬なものになっていくことは明白であった。

他方、GC&CSはバンコクやシンガポールの通信を傍受していたのだが、一月に入って傍受する通信の数は急激に減少していた。

この時、東京のクレイギー英大使は、「一般的な雰囲気として、数週間以内に極東で危機的状況が発生しそうである」[26]と悲観的な報告をするに至っており、このような報告を受け取るホワイトホールでは、日英戦争に対する脅威と緊張感が高まっていたのである。

すなわちこの時期の対日情報収集は、BJ情報の不足とそれを補うかのように報告された人的情報（ヒューミント）による警告によって混乱していたのである。それらのヒューミントは日本が間もなくイギリスに宣戦布告することを示唆していたのであった。

日英戦争勃発のシナリオ

ＧＣ＆ＣＳからの通信傍受情報が期待できない以上、ホワイトホールは上記のような情報から事態を推測するしかなかった。ＰＩＤは日本の新聞における論調を分析し、「日本が攻めてくるというのは知的想像の産物ではあるが、日本の議会における松岡外相の発言を追っていくと日本の参戦は真実味を帯びてくる」[27]と報告していた。

慌てた英軍部と外務省は非公式の会議を開き、当面の時間稼ぎのためにまず『タイムズ』紙に情報をリークし、記事の形をとりながらも日本政府、特に松岡に対する牽制を行なうことになった[28]。以下は一月三〇日の『タイムズ』紙からの抜粋である。

「松岡外相の枢軸側への傾倒は、仏印、タイ、蘭印に対する挑戦である。（中略）松岡の言葉は英米に対する脅威であり、平和的秩序を破壊するものだ[29]」

さらに二月初め、日本への対応を協議するため、急遽、合同情報委員会（ＪＩＣ）が開かれることとなり、以下のような結論が導き出された。

「あらゆる兆候が日本の南進を示している。恐らく日本はカムラン湾、サイゴン、バンコクを手中に収め、それらの拠点は英領マレーに対する重大な脅威となろう。（中略）アメリカの強い反対がない以上、日本は東南アジアで賭けに出るとみて間違いない」[30]

　ＪＩＣに加えて二月六日の極東委員会も、ＢＪ情報ではなく新聞などの一般情報によって日英関係が決定的に悪化すると判断しなければならなかった。[31]イギリスの対日情報活動を統合する立場にあるＪＩＣや極東委員会がこのような結論を出した以上、ホワイトホールにおいて日本の南進の意図は確実であると見なされた。

　またこのＪＩＣの結論を裏付けるかのように、ロンドンの日本大使館は情報漏洩への危惧から大使館員にイギリス人との交流をできるかぎり控えるよう指示しており、[32]ＧＣ＆ＣＳはタイ・仏印国境での日本の情報収集活動が活発化し、シンガポール在住の邦人が日本に緊急帰国している様子を捉えていた。[33]もはや極東での危機を警告する多数の報告に直面し冷静さを失っていた戦略担当者たちにとっては、このような日本側の行動は戦争準備に他ならなかった。この時、ダルトン戦時経済相は、「さまざまな情報源に拠れば、日本との戦争が迫っているようである。（在英の）日本人はイギリス人との接触を控えている」[34]と上記の情報を真に受けていたようである。

　言い換えれば日本に関するあらゆる報告が、極東での戦争を暗示するように見えており、一度彼らに根付いた危機感は簡単には払拭されなかった。上記のような現地人との接触による情報漏洩への危惧というものは、平時であっても常に考慮される事柄であるし、日本人の本国への帰国は日本政府からの通達によるものではなく、その数も大したものではなかった。

また戦争が近づくとその運航に規制を受けるであろう日本の商船には、東南アジア海域において何の変化もないと報告されていたが[35]、このような報告はあまり重視されなかったようである。

それまでイギリスの戦略担当者たちは、主にエージェント（情報提供者）や外交官による報告と通信傍受によって極東の情報を得ていたわけだが、この時期の通信傍受情報の減少は、相対的にエージェント報告への依存を招いていた。通信情報に比べて、エージェントからの情報は主観的であることが多かったため、ホワイトホールに報告される情報の全体的な質は低下していた。そして報告を受ける側も、極東での戦争を恐れるあまりに冷静な判断を失って、報告される情報を鵜呑みにしていたと考えられる。後にＭＩ２はこの時の様子を、誤った認識と、いい加減な情報が引き起こした危機であったと結論付けている[36]。

この危機をさらに深刻なものにしたのはＭＩ６による日本大使館における電話盗聴であった。この盗聴を基に作成されたレポートは、二月一五日までにイギリスとオランダに対する日本の武力攻撃が始まることを示唆していた[37]。この報告を受けて、カドガン外務事務次官は、「電話の盗聴によれば、日本人が我々を攻撃することを決めたらしい[38]」と記している。

しかし後の調査で明らかになったところでは、この時電話での会話を通訳したのは、日本語の日常会話しか解さないジャーナリストであり、電話の会話を曲解し誇張して報告してしまったようである[39]。なぜこのような日本語にあまり精通していない者が翻訳を行なったのかは謎であるが、後の調査でミンギスＭＩ６長官は、日本大使館での盗聴に何らかの問題が生じていたことを報告している。[40] しかしこの時点ではそこまで確認されておらず、この報告が極秘情報と銘打ってまかり通ってしまった。このような杜撰《ずさん》な情報が受け入れられてしまったのは、正確な情報の少なさとこの情報が報告されたタイミング、そして戦略担当者たちの誤った認識によるものであったと考えられる。

さらにこの時期、極東だけではなく欧州においても日英間の問題が生じていたのである。それは日本の海軍使節団を乗せた商船「浅香丸」がポルトガルに向かっていたことであった。英戦時経済省は、浅香丸がリスボンにおいてドイツの戦略物資を積載するという情報を摑んでいたため、これを阻止する行動に出なくてはならなくなっていた。ちょうど一年前の一九四〇年一月にイギリスは、房総半島沖で日本商船「浅間丸」を強引に臨検し、乗船していたドイツ人二一人を逮捕する強行策に出ていたが、今回は日英の対決を加速させる可能性が予測され、イギリスの対日外交は完全に行き詰まりを生じていたのである。

イギリス側は日本との戦争を恐れるあまりにヒステリックとも言える過剰反応を示しており、二月一一日、参謀本部はアジア地域のイギリス軍基地と香港以北を航行するイギリス船に対して警告を発し、インドに配備されている英空軍二個中隊を、急遽シンガポールに派遣することを決定している。[41] このようなイギリス側の混乱は、普段の英極東戦略がいかにGC&CSからの通信傍受情報を重要視していたかの表れでもあり、逆に言えばイギリスは、通信傍受以外に日本の意図を知る的確な手段を欠いていたと捉えることもできよう。

今や状況は、先に述べたチャーチルの描いた最悪のシナリオ——日英戦争が勃発し、アメリカは中立を維持――が実現しそうな勢いであった。このような状況は、インテリジェンスの混乱によって生じたイギリスの一人相撲でしかなかったのだが、イギリスは、危機打開のためアメリカの援護を求めるようになる。

この時期にイギリスが単独で対日戦を行なうことは問題外であったから、イギリスの極東戦略としてはアメリカに戦略的協力を求めることが自然であった。二月五日の統合参謀会議では、日本を抑止するにはアメリカが介入するのが最善ではあるが、当分の間はアメリカの介入はあり得ない。従ってとりあえずアメリカの目を極東に向けさせ、日本に対しては、イギリスの背後には常にアメリカが控えているように思わせることが重要である、という消極的な結論が導き出された。[42] すなわちこの時点でイギリスは、日本との対決をぎりぎりまで延ばしながらアメリカの介入を待つしかなかったのである。

大々的な反日プロパガンダ

ホワイトホールに収集されたインテリジェンスは、即刻イギリス外務省からワシントンのハリファクス駐米英大使（一九四一年一月から）に伝えられた。二月八日、ハリファクスは、急遽ローズヴェルト大統領に会って極東での危機的な状況を説明し、極東における英米の戦略協力の必要性を訴えた。しかし大統領からの回答は以下のようなものであった。

「たとえ英蘭領が日本によって攻撃されても、米領が直接攻撃を受けない限り日本との戦争は難しい。また、もしアメリカが日本との戦争に巻き込まれたならば、今度はヨーロッパににおける対英援助に支障が生じるだろう」[43]

この時期ローズヴェルトは議会で武器貸与法を成立させるのに精一杯で、日本との戦争には否定的であったのである。ハリファクスはハル国務長官とも会談を行ない、対日抑止の意味でアメリカ太平洋艦隊の増強を訴えているが、日本に対するアメリカのプレゼンスの必要性という点では一致したものの、英米の協力関係は具体化されなかった[44]。

また英参謀本部もアメリカの支援を求めていたが、米軍部は日本が東南アジアで鬼の居ぬ間に洗濯をしているとして取り合わなかった。MI2の報告に拠れば、アメリカはシンガポールを重視してはいるものの、当面の危機はないと考えており、日本の行動はヨーロッパ情勢と連動していないと見ていたのだった。

ロンドンではイーデン英外相（一九四一年一月から）が、この時期にイギリスを訪れていたローズヴェルト大統領の側近、ハリー・ホプキンスに会ってアメリカの極東での対英支援を訴えているが、ホプキンスもたとえ英蘭領が攻撃されても米世論が対日戦争を支持しないことを悟っていた[45]。従ってアメリカ側では極東で危機が迫っているとは判断せず、イギリス側からの訴えかけに冷淡であったと言える。

そしてこのようなアメリカ側の態度に業を煮やしたチャーチルは、ローズヴェルトに直接訴えたのである。

「私がそちらに知らせなければならないのは、もし日本海軍が我々に対して挑んでくるようなことになれば、事は我々の手には負えないということなのです。（中略）しかもその後生じる結果は、単純に誇張出来ないほど深刻なものになるでしょう[46]」

このようなイギリス側の懸命の訴えにもかかわらず、アメリカは動こうとはしなかったため、結局イギリスには、外交やプロパガンダで日本の南進に対抗する以外の選択肢はなかったのである。クレイギーは松岡外相に遺憾の意を表し、チャーチル、イーデン、バトラー外務政務次官らは、重光駐英大使に抗議を繰り返している。

イーデンは二月七日、重光に対しこう訴えていた。

「最近クレイギー大使が極東での危機的状況を訴えているが、一体この危機はどこから生じているのか。（中略）イギリス政府は絶対にこうした不吉な兆候を見逃すわけにはいかない。（中略）極東において英領土が侵略された場合、イギリスは全力でこれを阻止するであろう[47]」

もちろん重光にしてみれば、このようなイギリス側の抗議は身に覚えのないことであり、イーデンからの抗議に対して「英国領土に侵入せる訳には非ず[48]」と答えるしかなかったが、イギリス側の焦燥に対して日本側の対応はかなり冷静なものであった。

東京の松岡は指示を求める重光に対して「英国新聞が盛々極東危機の切迫なることを書き立て居るは、米国をさらに誘導するためなること」と書き送り、重光も「英国側の態度如何にも軽率にして自信なきか如く見え」とイギリス側の困窮を見て取っていた。また重光はこのようなイギリス側の対応を、「英国としては非常なる浅慮」と形容しており、これは当時のイギリスの混乱と慌てようをよく表していると言えよう。[49]

一方『タイムズ』紙は、英軍のマレー防衛の堅固さと共に極東での英米協力が働いていることを示唆して[50]日本に対する牽制を強め、『イブニング・スタンダード』紙も、「太平洋戦争の危機！」[51]と危機感を煽ったのであった。その他の新聞でも、『タイムズ』と同じように日本を牽制する内容の記事がしばらくの間紙面を飾ったのである。

このような各紙の報道は、イギリス政府の情報操作によるものであったと考えられるが、これらの大々的な反日プロパガンダは、日本の南進を抑制するのにかなりの効果を発揮したようである。特に、危機感の鼓舞がアメリカの注意を極東に引きつけた、という認識を日本側に植え付けたことが大きかった。[52]

また日本においては『朝日新聞』などがこの『タイムズ』紙の論調を取り上げ、「極東危機切迫説に英の朝野怯ゆ」[53]と報道している。そしてこのように過熱した報道が、一般に「二月極東危機」と呼ばれる現象となったのである。

英米の情報協力と危機の回避

このように極東で危機的な状況が生じた場合、イギリスとしては危機回避のためにその外交とインテリジェンスに頼るしかなく、状況を好転させる鍵となったのは、英米間の情報協力であった。

この時期、極東における英米の戦略提携はほとんど進展していなかったが、枢軸側に対する英米の情報協力関係は、既に一九四〇年の後半から始まっていたと考えられる。この協力関係は一九四〇年六月、ロシアン駐米英大使がローズヴェルト大統領に情報交換を申し出たことから始まり[54]、続く七月、ローズヴェルト大統領の情報コーディネーターであったウィリアム・ドノヴァンがイギリスを訪れ、ミンギスＭＩ６長官らと意見交換を行なったことにより弾みがついた[55]。

日本の外交暗号、「パープル」は一九四〇年九月、アメリカの暗号解読チームによって解読されており、この解読文は通称「マジック」として知られている[56]。他方、前述のようにイギリスは、このパープル暗号を解読できていなかったが、ドイツ軍のエニグマ暗号を解読し始めていた。ここに英米の情報交換の契機が生じたのである（この情報協力に関する英米間の交渉の過程は未だに明らかにされてはいない）。

一口に情報協力と言っても、情報とその収集手段は国家の最上級の秘密事項であり、それらを他国と共有することはかなりの危険を伴うものであった。当初この点でイギリス側は渋っていたが、アメリカ側、特に米陸軍が比較的積極的だったこと、またイギリスの戦略状況が逼迫していたことから、一九四〇年末には大筋で合意が成立したと思われる。

断片的な情報を繋ぎ合わせると、一九四〇年九月、ロンドンにおいて米陸軍のジョージ・ストロング准将は、アメリカが日本の外交暗号解読に成功したことをイギリス側に伝えており、英参謀本部もこの暗号解読の有効性に注目していた[57]。一一月、デニストンGC&CS長官は、「我々は日本とソ連に対する外交暗号解読で協力する用意ができた。できれば軍事暗号面での協力も実現したい」と書き残しており[58]、米海軍通信情報部（OP-20-G）の責任者であったローレンス・サフォード少佐は、「（一九四〇年）一二月、英米の軍代表はワシントンでお互いの暗号解読システムの交換に合意した[59]」と後に述懐している。そして一二月一八日、駐米英公使N・バトラーが、「今日、陸海軍の情報部は合意に達した。（アメリカ製）暗号解読機の（イギリスへの）運搬の手はずは整っており、スタッフの人選も決定した[60]」と報告するに至っている。

このような英米間の合意は水面下のものであったが、将来の英米の戦略協力を導く上で重要なステップであった。なぜならこの合意によって英米が対枢軸の情報活動で具体的な協力に漕ぎ着けたからである。お互いの極秘事項を共有するということは、お互いが敵になることをほぼ不可能にしてしまう。逆に言えばこのようなインテリジェンスの協力は、その時期は不明確であったにせよ、将来の英米の全般的な協力関係を暗示していたと言えよう。そしてこのような英米シギントの結託は、一九四三年五月の英米情報協力体制（BRUSA協定）の土台となり、現在の「ファイブ・アイズ」にまで綿々と続くことになるのである。

一九四一年二月八日、アメリカの新型暗号解読機とその関係スタッフは、アメリカから英戦艦「キング・ジョージ五世」でイギリスに到着した。[61] スタッフは米陸軍通信情報部（SIS）からエイブラハム・シンコフ大佐とレオ・ローゼン中尉、OP-20-Gからはロバート・ウィークス大尉とプレスコット・クーリエ少尉がそれぞれ抜擢され、二機のパープル暗号解読機とレッド暗号解読機、日本の外交暗号解読テキスト、それに日本海軍のJN-25暗号解読テキストなどが、ブレッチリーのGC&CS本部に運び込まれている。[62]

GC&CSは未だ日本の新しい外交暗号文を解読できていなかったため、このアメリカからの解読機とスタッフの提供は、イギリスの極東戦略に対する大きな貢献となったのであった。この時期のGC&CSの暗号解読記録を注意深く追っていくと、二月一五日の時点から、急にそれまで解読できていなかったロンドン、モスクワ、ベルリンの各日本大使館と東京のやり取りが記録され始めている。[63] この記録から推測すると、GC&CSは一九四一年二月一五日頃に、アメリカの協力を得て初めて日本の外交暗号「パープル」を破ったことになる。

これはイギリスの外交・戦略全般における重大な転換点になったと言っても過言ではなかった。なぜならGC&CSが日本の最重要外交暗号を解読できるようになったことにより、日本のみならず、その同盟国であったドイツ、イタリアの意図を、日本大使館経由で知ることができるようになったからである。実際イギリスは、独軍戦略情報のかなりの部分を在独日本大使館から引き出すことに成功している。[64] 例えば三月にはベルリンでエリッヒ・レーダー提督が大島浩駐独大使に対して、ドイツ軍による英本土上陸作戦が困難であることを伝えており、[65]このBJ情報はイギリスにかなりの安堵をもたらしたはずである。
このような日本外交暗号の解読情報は、二月危機に苛立ちを覚えていたイギリスの戦略担当者たちに対する大きな助けになるはずであった。しかしながら二月危機を緩和したのはこれら日本大使館からの情報ではなく、同じくGC&CSが傍受していた在日イタリア大使館からの情報と、在英日本大使館での電話盗聴であった。
この伊大使館からローマへの報告は以下のようなものであった。

「最終的に天皇陛下は松岡外相の訪欧を裁可された。訪欧予定は今月末からであり、松岡外相はモスクワ、ベルリン、ローマなどを訪問する予定である[66]」

これは三月の松岡訪欧を示唆しており、日本が明日にも戦争を始めようとしているのなら、このような訪欧計画とは矛盾しよう。従ってこのBJ情報がイギリスの戦争に対する危機感を緩和させせたと考えられる。カドガン外務事務次官やチャーチル首相もこの松岡の訪欧を知らされ、日本が戦争に訴えるにはまだ早いことを理解したのであった。[67]
さらにMI6による日本大使館の電話盗聴記録もこの情報を裏付けていた。これは二月一二日に近藤泰一郎海軍武官と辰巳栄一陸軍武官の間で交わされた電話での会話である。この時、辰巳は「我々の政府は（戦争から）降りたのだ。（中略）今は戦争をするべき時期ではないし、賢明な選択であったと思う」と話していた。[68] この情報は一五日にイーデンからバトラーを経てチャーチルに届けられている。

　これらの秘密情報から、日本が当面の間戦争を行なう意図がないことを悟ったチャーチルは、カドガンに暗号文でこう書き送った。[69]

「（電話での）会話と（GC&CSからの）通信情報は、多分本当だろう。どうやらここしばらくの危機は去ったようだ。特に通信情報は都合の良いもので、日本が独伊に外交使節を送るというものなのだ[70]」


　そして二月一七日、GC&CSは重光駐英大使が松岡に「我々は英領に対する攻撃の意図のないことを明確に示す必要性がある[71]」と送信しているのを傍受、解読し、このようなBJ情報は二月二四日、重光が日本に攻撃の意図がないことをチャーチルに直接説明するまでもなく、イギリスの危機感を収束させたのであった。

　皮肉なことだが、GC&CSは日本の暗号文の解読に成功したと思われる二月一五日に、イタリアの暗号文と電話の盗聴記録から日本側の意図を知ることになったのである。[72]しかし、もしGC&CSがイタリアの外交暗号から情報を得られなかったとしても、日本の外交暗号を破った時点で、ホワイトホールが日本側の意図を把握するのは時間の問題であっただろう。

　また前述の浅香丸問題に関しても暗号解読情報が活用された。二月二〇日、重光は松岡に対して、「浅香丸の問題如何によっては戦争を引き起こしてしまう可能性すらある[73]」と送っており、この問題が日本側に深刻に取られていたことが明らかになった。早速このBJ情報は浅香丸を監視していた戦時経済省にも送られ、ワシントンでは浅香丸問題についてハリファクス駐米英大使とウェルズ国務次官が話し合った。ローズヴェルト大統領もこの件で戦争を引き起こすことは望んでいなかったため、結局イギリスは浅香丸のリスボン入港を黙認するに至ったのである。

GC&CSにとってこのようなロンドンと東京とのやり取りは、一九四一年に入って初めて解読できたものであり、この先、第二次大戦の終結まで日本の外交暗号はほとんど解読されていくことになる。そしてチャーチルも夏以降、GC&CSから提出される暗号解読文に毎日欠かさず目を通すようになるのであった。[74] イギリスから見た場合、二月極東危機は一九二〇年代から続いていたGC&CSの対日暗号解読が、一時的に困難となった時期に生じた事件であり、情報収集手段を欠いた英極東戦略は虚を衝かれた形となったのである。

まとめ

一般にこの二月極東危機は、日本の南進を抑止し、アメリカを極東問題に介入させるきっかけとなったと考えられている。確かに二月危機がその後の国際関係に与えた影響を見ていくと、続く三月、日本は仲介役を利用した南部仏印進駐に至らなかったばかりか、タイ、仏印間の交渉でタイの過大な要求を抑え、むしろ仏印に対して寛容な条件で交渉を妥結しており、結果的には日本に対するある程度の牽制効果が生じたのであった。[75]

一方、アメリカに関しては、二月危機とその後始まる日米交渉が直線的に結ばれるかどうか、疑問の余地が残る。アメリカ側も日本の外交通信を傍受、解読していたと考えられるので、アメリカの極東政策がイギリスの二月危機騒動で加速したとは一概には言えない。しかしイギリスの戦略担当者たちは、二月危機によってアメリカを極東の問題に引き込むことができたと感じ、対日政策に関して以前ほどの危機感を持たなくなったのであった。[76]

本章で見てきたように、ホワイトホールのインテリジェンス・コミュニティに目を向けると、二月危機がイギリス情報部による情報収集の問題とそれに伴う情報分析の混乱から生じていたことが明らかになる。そして混乱した情報報告はホワイトホールの政策決定者をも巻き込み、早急な対策を打つことを余儀なくさせたのであった。その結果、イギリスは新聞に情報を流して危機感を煽りながら性急な対日米外交を行ない、半ばマッチポンプの様相を呈してしまったのである。

そしてこのインテリジェンス上の問題を解決したのは、やはりGC&CSであった。この時期の英米の情報協力は、GC&CSのパープル暗号解読に貢献し、イギリスの極東における暗中模索的な状況を改善したのである。二月危機は暗号解読と日本大使館の電話盗聴によって払拭され、パープル暗号解読の成功はイギリスの対日政策における負担を軽減したのであった。

当時の英極東戦略が情報活動のみに左右されていたとは考え難いが、対日避戦を掲げていたイギリスにとって、情報により日本側の意図を事前に察知できるかどうかは死活問題であった。ましてGC&CSが一九二〇年代から解読し続けていた日本の外交暗号が一時的に読めなくなるということは、日本に対する情報収集からその分析、報告まで、情報に携わるすべての過程や組織に影響を与えるものとなったのである。こうして引き起こされた二月極東危機は、正確で客観的な情報というものが、当時の英極東戦略において高い比重を持っていたということを示す好例であったと言える。

結局二月極東危機は、インテリジェンスの不手際によって引き起こされた側面が強い。しかしそのような危機もまたインテリジェンス活動によって克服されたのである。

またイギリスはこの危機を利用して、極東情勢の緊迫化をアメリカに訴えたのである。そのあまりの立ち回りの上手さに、後世の歴史家からは二月危機がイギリス情報部の手によって仕組まれたプロットである、と評されるほどであった。事前に最善の一手を進言するのもインテリジェンスの役目であるが、このように起こってしまった状況を迅速に処理するのもまたインテリジェンスの役割なのである。

第六章
危機の緩和と英米の齟齬

当時の英国秘密情報部（MI6）

一　松岡の訪欧

二月危機以降の英米関係と日本

二月危機が収束した頃、英外務省は以下のようなレポートをまとめている。

「我々の極東政策の基本は、①日本の参戦阻止、②日本に対する阻害工作（外交的、経済的圧迫）、③上記政策遂行のためのアメリカ、中国、蘭印との協力、である。（中略）極秘情報に関しては、我々は極東問題でアメリカと接触を続けている。しかし合衆国政府は我々との共同行動に関しては慎重であり、共同行動よりもむしろ我々との並行的な政策を志向している。（中略）ここ数日の危機によって（ワシントンで開催されている英米）参謀会議が、日本の南方拡大志向に対するアメリカ側の認識を深めるだろう[1]」

上記のように二月危機がアメリカの注意を極東に引きつけ、英米の情報協力を推進させたことは特筆すべきであるが、同時に極東で危機が生じた際、アメリカはイギリスのために介入を行なわないことが明白となったのも事実である。この時期のイギリス極東戦略の急務は、アメリカを極東問題に引き込むこと、少なくとも日本に英米が不可分であると（実際にはそうではなかったのだが）信じ込ませることであった。

従ってイギリスとしては、アメリカを極東問題にコミットさせるまでの間、日本との対決までの時間を稼ぎ、その間に日本の戦争遂行能力を少しでも削らなければならなかった。そして太平洋における英米協力体制構築の意味するものは、強力な対日抑止か対日戦しかなく、いずれも日本との対立を決定的にするという点が重要である。幸い日本の意図は外交暗号の解読によってある程度把握できるようになったため、イギリスはアメリカに対して働きかけ、日本に対峙してもらうという間接的な極東情勢へのアプローチを取り始めることができた。

このように二月危機を境にして極東における主導権は、イギリスからアメリカにシフトしていく。しかしこの時期のアメリカは、極東問題に対してイギリスが考えていたよりもかなり慎重な態度を示していた。アメリカの対英不信は伝統的なものであるが、それよりもこの時期、日米会談が開始されたことによって日米関係も流動化しており、また国内事情もあってアメリカは安易な対英援助に走れなかったのである。

従ってイギリスが追求するべき策としては、日英の対決を先延ばしにする一方で、日本の極東における膨張志向とイギリスの安全保障問題が、相互に絡み合った問題であるということをアメリカに訴えながら英米協力を前進させることであった。唯一英米が極東において一致していた点は、いかに日本の対外膨張政策を抑止するかにあったからである。

しかし極東問題における英米間の齟齬《そご》は、この時期の日米交渉においても顕在化する。アメリカはイギリスと意見調整を行なわないまま日米交渉を始めたので、交渉の過程で極東におけるイギリスの権益に対してそれほどの注意を払わなかった。イギリスはインテリジェンスによって日米交渉の大まかな過程を摑むことができたため、日米交渉がイギリスの思惑を外れそうになる場合にはアメリカに働きかけ、英米間の溝を埋める必要があったのである。

チャーチル首相の時間稼ぎ

松岡外相は三月後半からモスクワ、ベルリンを訪れ、ヨシフ・スターリンやアドルフ・ヒトラーと意見交換をしていた。イギリスにとってこのような松岡の外遊は、日本外交の行く末を予測する上で貴重な機会であったが、松岡が外遊先から東京にほとんど報告をしなかったため、ＧＣ＆ＣＳは松岡の動きを捉えることができず、英情報部はなかなか情報を得ることができずにいた。

松岡訪欧は、イギリス側に期待を抱かせるイベントでもあった。ＢＪ情報は松岡の大まかな訪欧プランを示唆していたが、その詳細は不明であった。[2]その結果、ホワイトホールでは松岡がロンドンを訪れるのではないか、という推測が広まっていたため、早速英外務省でも松岡が訪英した場合の方針を検討していたのである。英外務省の対日政策は、アメリカの姿勢が決まるまでの時間稼ぎが前提であったため、この時点での方針は、日本に南進からの政策転換を迫るか、三国同盟の立役者、松岡とドイツの紐帯を裂くことであった。特に後者を実行するために、松岡の訪英を利用して、ドイツに悪印象を与えるためのプロットが練られていたのである。[3]

三月二七日に松岡がベルリンにおいてヒトラー、ヨアヒム・フォン・リッベントロップ独外相と会談を持ったことは、イギリスに対する大きなプレッシャーとなっており、とりあえず松岡の訪英を機に、イギリスが日独関係に楔《くさび》を打ち込むことが最善となっていた。しかしBJ情報はドイツが日本に対して日本の対英参戦とシンガポール攻撃を促していたことや、[4]松岡が訪英の予定を急にキャンセルしたことを明らかにしていたため、[5]イギリス側は松岡の行動に懸念を抱くようになった。

そして松岡の動きが読めないホワイトホールは、またもやマスコミを使って松岡の訪欧について不審の目を向けさせた。各新聞が反日的な論評に傾くと、ロンドンの重光駐英大使はその世論に動かされて東京に指示を仰ぎ、また東京からも重光への訓電を送る。イギリス側はこの通信のやり取りによって日本の外交的意図を把握できるのであった。この時のBJ情報によれば、重光が東京に報告していた内容は、重光がイギリス側に伝えたことと同じ内容であった。すなわちイギリスに対して重光が隠し事をする意図はなかったのである。

この時期、GC&CSは松岡とローレンス・スタインハート駐ソ米大使との会談の様子を傍受するだけであった。松岡―スタインハート会談の主眼は、日中戦争の停戦仲介をアメリカに求めるものであった。スタインハートは松岡のベルリン訪問によって、日本が対英参戦するのではないかと疑っていたが、松岡はこれを否定している。[6]

しかし海軍情報部（ＮＩＤ）が摑んだ情報が問題であった。ＮＩＤは、松岡がドイツ側から以下のような事項を伝えられていたことを摑んでいた。

①イギリスは海上封鎖のため、本土上陸作戦がなくともあと六か月以内に降伏する
②イギリスの残存兵力は数か月のうちに欧州大陸から駆逐される
③ギリシアに引き続き、トルコも枢軸側で参戦する
④ドイツ軍は一九四一年秋までにバグダッド、エジプトを占領し、戦争は終結する[7]

もしベルリンで松岡が対英戦の決断をしていれば、それは大英帝国の崩壊を意味した。日本がイギリスの降伏をあと半年であると信じれば、すぐにでも戦争を仕掛けてくるかもしれない。従ってイギリスとしては、ドイツに屈服する意図などないことをアピールし、何としてでも日英戦争の勃発を防がなければならなかったため、異例ながらもチャーチル自らが訪欧中の松岡に対して書簡を書き送ったのである。チャーチルは本来なら松岡に直接会って説得するつもりであったようであるが、松岡の訪英がキャンセルされたために仕方のない処置であった。チャーチルは上記のようなドイツ側の情勢判断とは異なる内容で以下のように書いている。

「ドイツがイギリスの制空権を奪えない状態で、年内にドイツのイギリス本土侵攻が果たして可能でしょうか。さらにもしアメリカがイギリスの側に立って参戦する場合、日本はこの二大海軍国と戦うことになるのです。（中略）英空軍は一九四一年の終わりには独空軍を優越し、さらにその後、独空軍をはるかに凌ぐであろうという事実が果たして検討されているのでしょうか。また年間九〇〇〇万トンもの鉄を生産している英米両国に対して、年間七〇〇万トンの日本が一体どうやって戦うのでしょう[8]」

このチャーチルの意見は、ドイツ側の予測に対してそれとなく反論していることが良くわかる。チャーチルは松岡と日本政府に対して、冷静になって考えれば、日本が英米両国と戦うなど非合理的である、と再考を促そうとしていた[9]。少なくともチャーチルは、このような警告が時間稼ぎにはなると考えていたようである。

しかしながら英独双方からほとんど正反対とも言える情勢判断を知らされた松岡の心境は、複雑なものであっただろう。四月二二日になって、松岡からチャーチルに以下のような返信が届いた。

「日本の外交政策は、偏見なくあらゆる要素を考慮した上で決定されるもので、不動のものである。我々の目的は八紘一宇の下で、争いのない平和な世界を構築することなのである[10]」

このような松岡の返答は、チャーチルの問いかけに答えていないばかりでなく、中身も曖昧でその要旨を捉え難い。八紘一宇とは「世界を一つの家にする」という意味なのだが、これを読んだイーデン外相は、「私には（松岡の主張が）はっきりとわからない」と重光に八紘一宇の意味を聞く有様であった。[11]

この松岡の訪欧をめぐるホワイトホールの対応は、二月危機の時のものと似通っている。すなわち確実な情報を得られない場合、先手を打てなくなったイギリスの対日政策は麻痺してしまい、結局チャーチルやイーデンら閣僚が外交的に時間を稼ぎ、その間に対策を練って情報を収集しようとするのである。しかし逆に言えば、従来機能しているイギリスのインテリジェンスのプロセスが機能しなくなった時、このような閣僚によるバックアップが働くことは、システムの柔軟性を示すものでもあった。

日ソ中立条約の成立

四月一三日の日ソ中立条約の成立は、イギリスにとって寝耳に水の出来事であった。この条約を推し進めた松岡の基本的な考えは、力なき外交ではアメリカという強大な国から妥協を引き出すことは難しいというものであり、そこから、日本はソ連を枢軸陣営に引き込むことによって対米交渉を有利に進めることができるという松岡の日独伊ソ四国同盟構想が生じてくるのである。また四国同盟構想は、日本政府の懸案であった事変の早期解決にとっても理想的な解決策と映っていた。当時の満州国は常にソ連からの脅威に晒されていたため、日本陸軍はソ連に対抗する意味で満州に関東軍を一三個師団も駐留させておかなければならなかった。しかしソ連を枢軸側に引き寄せることができれば北方の脅威は軽減するため、陸軍は余剰兵力をもって日中戦争の早期解決と南進政策を進めることができたし、アメリカはアジア情勢に介入し難くなり、日米交渉（後述）も優位に行なえるという算段であった。すなわち四国同盟とは、満州に対するソ連の圧力を軽減することと、アメリカのアジアへの介入を抑止するためのものであり、これは逆にイギリスの極東政策にとっては脅威でしかなかった。[12]

この条約成立によって日本の南進政策に変更がないことが明らかとなり、日本に外交政策の変更を迫るイギリスの方針も行き詰まりを生じていた。同時に東京のクレイギー大使は、日本がシンガポールへの侵攻準備を進めていることを伝えており、[13]またもやホワイトホールは急な対策を迫られることとなる。

判断材料が乏しいながらも、ホワイトホールは日ソ中立条約の持つ意味合いを分析しなければならず、まず一七日の極東委員会では早速この日本の南進の意図が議題となった。極東委員会は、日本の南進に対する警告を与える段階ではないとしながらも、シンガポール会談（日本を意識した英蘭米間の軍事会談）の様子を新聞でアピールすることにより、アメリカが極東情勢に介入する可能性を示唆しようと考えていた。[14]

そして極東委員会の方針は、外務省からミンギスＭＩ６長官、合同情報委員会（ＪＩＣ）、参謀本部、戦時内閣に伝えられる。また同日、ＪＩＣは今後の日本の戦略を詳細に検討している。JICに拠れば、もともと日本は資源を求めるために南を向いており、日ソ中立条約によってその傾向は加速したと結論付けた。また時間を稼げば稼ぐほど、日本は経済的に貧窮し、英米の立場は相対的に有利になると考えられたため、時間稼ぎの必要性も強調されたのである。[15]また外務省政治情報部（PID）の分析も日ソ中立条約により日本の南部仏印、蘭印、タイへの軍事的、経済的圧力が増大するというものであった。[16]

しかし南進の際、日本にとっての最大の障害はアメリカとなることから、イギリスとしてはまずアメリカの動向を摑まねばならなかった。四月二〇日にはイーデン外相がジョン・ワイナント駐英米大使に会って、日ソ中立条約の結果、日本の南進が近いということと、シンガポール防衛の持つ重要性をアメリカ側に伝えた。[17]さらにワシントンのハリファクス大使はハル国務長官に対して、日本のさらなる南進が深刻な事態を招くという、英米蘭による共同の対日警告を提案していた。しかしハルはこの件に関心を示したものの、ワシントンで行なわれている日米交渉もあって積極的な介入にまでは至らなかった。[18]イギリスによるアメリカ引き込みは、またもや失敗に終わったのである。このようなハルの反応に接して、バトラー英外務政務次官は「アメリカはがっかりするほど無反応である」[19]と書き残している。

この時もイギリスは事前に情報を得ていなかったため、日本に対して有効な働きかけを行なうことができなかった。イギリスはアメリカに対していつものように極東での懸念を訴えかけたが、アメリカから見れば、事あるごとに訴えかけてくるイギリスは「アラーミスト」として映っていたのかもしれない。いずれにせよアメリカは、日米交渉によって日本の手綱を握っていたのである。

二　イギリスと日米交渉

日米交渉の開始

一九四一年になる頃には、日米の対立は深刻なものとなっていた。この時、駐米大使に任命された野村吉三郎は、一九四〇年末の覚書において「米国は今や戦争の一歩手前に至るまで我に対し通商停止を断行するに相違なく今や残す所唯《ただ》油に過ぎざるが如《ごと》し」と書いており、当時の日米関係の悪化の様子が窺える。[20]

このような両国関係の険悪化を受け、話し合いによって関係を改善しようとする動きが双方に生じていたのである。その嚆矢《こうし》となったのが、アメリカのカトリック教会（メリノール会）のジェームズ・ウォルシュ司教とジェームズ・ドラウト神父が一九四〇年一一月二五日に来日したことであった。二人は東京の帝国ホテルで、以前からの知己である産業組合中央金庫理事、井川忠雄と日米関係の見通しについて話し合いを始めたのである。井川の方は昭和研究会を通じて近衛文麿首相とも面識があり、両神父は近衛に話が伝わることを期待しつつ井川と話し合いを進めたのである。このように日米交渉は二人の神父と井川という民間人同士のやり取りに端を発することになった。[21]

一方、ローズヴェルト政権においては一九四〇年一一月にハロルド・スターク海軍作戦部長による「D計画」が大統領に承認されており、アメリカは大西洋第一主義、つまり欧州情勢を最優先することになっていた。そのため日本に対しては「戦争を避けるための積極的手段」が志向されていたのである。[22] しかし、日本が南進への野心を持っていたことは、前年の北部仏印進駐でも明らかであり、また一九四一年二月には極東危機に関する大々的な報道が行なわれ、日本の南進をめぐる日英、そして日米間の緊張感が高まっていた。そこでハル国務長官は、二月に着任した野村駐米大使との交渉に活路を見出そうとする。

四月一六日、ハルが野村に対してアメリカ政府の立場を表明する「ハル四原則」を提示したことで、日米交渉の「予備交渉」が開始されることになった。四原則とは、①すべての国家の領土保全と主権の尊重、②他国への内政不干渉、③通商の機会均等、平等原則、④太平洋の現状維持、である。ハルは両国政府がこの原則に同意した上で、具体的な交渉を進めていくことを望んだ。野村は平等原則について中身を議論することを望んだが、ハルはそれを拒絶し、日本側が四原則を受諾しない限り公式な交渉を始めないという原則論を貫いた。[23]

ハルが日本側に四原則を提示したのに対して、日本側では三月に東京から派遣されてきた陸軍省軍事課長の岩畔豪雄大佐が日本側の提案作成に関わるようになっていた。岩畔は渡米直前まで軍政を掌《つかさど》る軍事課長ではあったが、長年、謀略に手を染めてきた経歴もあり、アメリカ政府のみならず、日本海軍や外務省までもが、岩畔がなんらかの工作のために渡米してきたのではないかと疑っていたのである。しかし岩畔の派遣は、日米交渉の推進が目的であった。そもそもの経緯は、野村大使から陸軍に対して事変に詳しい人物を補佐官に付けてほしいという要請があり、これを受けて陸軍省の武藤章軍務局長が推薦したものである。[24]

岩畔はドラウトらと相談しながら、四月一六日には議論のたたき台となる日米諒解案を作成している。その内容は、①日米相互の政治制度の尊重、②三国同盟の防御的性格、③アメリカによる満州国の承認と日中和平の斡旋、④太平洋の平和維持、⑤日米の経済提携の促進とアメリカによる資金提供、⑥東南アジアにおける日本の経済活動への支持、⑦東南アジアの現状維持、であった。

ハルとの会談の翌日、野村大使は東京に電報を送信しているが、ハルが念を押した四原則に関しては触れられていない。[25]野村は日米諒解案のみについて報告しているが、その内容も誤解を招くような曖昧なものであり、外務本省ではこの諒解案がアメリカの提案と誤解されるようになる。東京で野村の電報を受けた大橋外務次官は、興奮して諒解案がアメリカ側提案のような解釈をし、また近衛首相もそのように受け取っている。[26]さらに翌日の連絡懇談会で本諒解案はアメリカ側の提案として議題に上がり、東条英機陸相ら陸軍の幹部はこれを肯定的に受け入れ、陸軍の『機密戦争日誌』には「歴史的外交転換なり」と記されている。[27]一方、海軍では出来過ぎた話として、アメリカの謀略を疑う声が少なくなかった。

日本側が具体的な日米諒解案を基に交渉を進めていくものと解釈していた一方、ハル国務長官はまず四原則が日本政府に受け入れられてから具体的な交渉を進めていくという方針であったため、日米の思惑は予備交渉の段階から既にすれ違っていたのである。

間接的アプローチの模索

日本から見れば日米交渉は、日本とアメリカが極東における問題を解決するための話し合いであり、双方の妥協点を目指した交渉であった。解決の余地がある交渉に失敗したことで、さまざまな外交研究がその失敗の原因を説明しており、主な理由に日本政府内の見解不統一、アメリカの日本に対する理解の浅さ、そして日米間におけるパーセプション、もしくはコミュニケーション・ギャップなどが挙げられている。[28]

他方、イギリスから見た場合、日米交渉は極東における時間稼ぎと、アメリカを問題に介入させるための契機に過ぎず、イギリスにとって極東における日米間の妥協的解決などは論外だったのである。また英外務省は、日本が日米交渉によって英米関係に楔を打ち込もうとしている、と考えていたのである。

ロンドンにおいても五月まで、日英間の関係を緩和させるために重光駐英大使とイーデン英外相、バトラー外務政務次官との会談が行なわれていたが、イギリス側は日本に対して全く妥協しようとしなかった。このことは五月八日の極東委員会の決定にも表れている。

「この時期に日本との交渉を持つことは、米中の誤解を招きかねない[29]」

また一九三〇年代から極東での実質的な対立は日本とイギリスの問題であったため、イギリスから見れば日米交渉というものは、欧州戦線で手一杯のイギリスの代わりにアメリカを対日交渉役にしたものであり、イギリスの極東戦略にそぐわない形での日米間の妥協などはあり得ない話であった。

この話し合いに関して言えば、イギリスは交渉の蚊帳の外に置かれていたのだから、イギリスと日米交渉の関係に言及していくことなどは的外れな議論である、と言うこともできようが、そのような指摘は極東における英米間の連携を見逃しやすくしてしまう。イギリスが交渉から疎外されていたという根拠としては、主にハルやヘンリー・スティムソン陸軍長官が日米交渉の進展のみならず、交渉開始からしばらくは交渉の存在そのものをもイギリス側に伝えずにいた事実を挙げることができる。スティムソンは、イギリスがアメリカの行動を不誠実であると批判するのを恐れて日米交渉の詳細をイギリス側に伝えることを拒んでいた。[30] しかしこの話をもってイギリスは日米交渉に全く関知していなかった、と言うのは難しい。そもそも日米交渉の契機にはイギリスも一枚嚙んでいたようである。

一九四〇年一一月、日米交渉の下準備とも言えるドラウト訪日が実現したが、このドラウトの背後には元英情報部員のウィリアム・ワイズマン、さらにMI6アメリカ支部（BSC）[31] のスティーヴンソンの存在が見え隠れしていた。[32]

またイギリスは日米間の取引によって極東権益が侵されることを警戒していたため、常にBJ情報やその他の情報によって日米交渉に対する注意を欠かさなかったのである。[33] イギリスの日米交渉に対する姿勢は、アメリカを日本との交渉役にすることによって、極東問題に対して間接的なアプローチを模索するというものであった。イギリスは一九三〇年代から日本と交渉してきたため、両国の間に妥協できる余地はほとんどなくなっていたし、何よりもイギリスが避けたかったのは、交渉破綻の結果、イギリスがその責任を負わなければならない状況であった。言い換えればイギリスは、極東における外交活動から一歩身を引いた形をとって、日米交渉には参加せず一方的なオブザーバーといった立場を堅持しようとしていたのである。

日米交渉に関する情報の収集

前述のように、イギリスは日米交渉に直接関与こそしなかったが、日米交渉に対する情報収集は欠かさなかったようである。そのことはさまざまな情報関連資料によって示されており、この項では特に一九四一年五月、イギリスが日米交渉に干渉しようとした例を取り上げて考察していく。

一九四一年五月一〇日、欧州から帰国した松岡外相は、スタインハート駐ソ米大使との会談内容の概要を在独日本大使館に送信している。その中で松岡は、アメリカが欧州戦線に介入した場合、日本は対米英戦に参戦することを明言しており、またアメリカが日中間の仲介役となるべきであると主張していた。[34]この時期、軍部ですら対米英戦に関して態度を明確にしていなかったため、この松岡の態度は日本政府の中で際立っており、この通信をGC&CSが解読したことによって、二八日の英戦時内閣はこの松岡の発言を取り上げて討議している。[35]

また五月一三日には松岡が野村大使から送られてきた日米諒解案に憤激し、自らの案をワシントンの野村に送信していたのである。この訓電は野村大使が交渉してきた諒解案に反して、枢軸国間の結束を強調している点で強硬なものであり、松岡の案が日米交渉を混乱させると考えた野村は松岡の案を歪曲《わいきょく》してハルに伝えたようである。[36]しかし松岡から直接内容を伝えられた駐日伊大使は、ローマに松岡案の内容を送信しており、この通信はBJ情報によってイギリス側の知るところとなる。[37]

BJ情報に加えて、東京のクレイギー駐日英大使は、グルー駐日米大使から入手した情報をロンドンに伝えている。グルーは五月一四日に松岡と会談を行なっており、その折に松岡は個人的な書簡をグルーに手渡した上で、以下のように述べている。

「アメリカはイギリスに船舶を供給するべきではなく、もしそのようなことになれば、日米の間に戦争が勃発することは避けられない。日本の意図は、平和的手段によって南方へ進出することであるが、マレーの英軍が増強されればその限りではない」[38]

このような松岡の言動はかなり挑発的である。この時松岡は日本の参戦の根拠を三国同盟に見出しており、アメリカの対英援助は対独宣戦布告であると見なしていた。従ってイギリスから見た場合、松岡の帰国は日米交渉の攪乱《かくらん》要因と捉えられており、このような松岡の日米交渉への横槍によって、アメリカが松岡の思惑に引きずられるのではないか、[39]と分析した英外務省は日米交渉に対して危機感を抱くようになる。

ハル国務長官との対立

こうした松岡の姿勢を察知した英外務省極東部のクラークは危機感を露わにする。[40]ベネット極東部長も「(ワシントンの) ハリファクスが報告してくることと (東京の) 松岡のやっていることはほとんど反対ではないか」[41]と、日米交渉に関するワシントン筋の情報とBJ情報が乖離していることに懸念を表していた。

これは良く知られているように、帰国後の松岡の方針が、近衛首相や野村大使と異なっていたために生じた日本政府内の問題であったが、イギリスから見れば松岡の方針と野村のやっていることが違うのに戸惑いを感じるのは当然であろう。またPIDは、日本が中国問題解決のためにアメリカを利用しようとしていると見ていた。[42]

ここで重要なのは、イギリス側が松岡の外交に懸念を持ったからといって、日本側に対する働きかけをほとんど行なわなかったことである。このようなイギリスの懸念は、むしろワシントンの国務省に向けられたのであった。五月二一日、イーデン外相はハリファクス駐米大使に以下のような訓電を送信することになる。

「我々には日本が中国と妥協できるなどとは信じ難い。もしそのようなことが可能なら、アメリカ政府がどのような妥協案においても、我々（イギリス）の意見を聞き入れてくれるよう期待している[43]」

ハリファクスはハルに会いイギリス側の懸念を表明したが、その内容には上記のようにイギリスの高慢さが表れていたので、「とても同意できない説法」としてハルの逆鱗《げきりん》に触れることとなる。[44]イーデンの言葉には、ある程度イギリスのプライドも表れていようが、それよりも情報源を隠蔽するために言葉が選ばれたと想像できる。しかし次の訓電においてイーデンはより具体的な話をハリファクスに伝える。

「情報に拠れば、松岡が自分の思うように交渉を妥結させようとしている。アメリカはこの情報を入手していないかもしれないから、アメリカにきちんと伝えるべきである。（中略）我々がしなければならないことは、極東における我々の目標とアメリカのそれを一致させることなのだ[45]」

ハリファクスはウェルズ国務次官に会い、英米が同意できる範囲でしか日米交渉を妥結してはならないと念を押している。[46]野村がわざわざ歪曲した松岡案を、イーデンがハリファクスを通じてアメリカ側に伝えたようである。しかしアメリカもマジック情報によって松岡案を入手していたため[47]、このようなイギリスの横槍は鼻持ちならない干渉であった。

このイーデンの働きかけによって、イギリスが松岡主導による日米交渉の妥結を全く望んでいなかったことがわかる。英外務省から見れば、松岡主導の日米交渉は見ていられないほど危うく、このような危機感からイーデンは日米交渉に介入しようとしたのである。ホワイトホールでは三国同盟の立役者である松岡に対する不信感は根強く、日本に同情的な評価をすることが多いクレイギー英大使ですら松岡には厳しい。[48]

また英外務省は、もし日米交渉が松岡の主導によって妥結されるならば、それはアメリカの対日宥和であると捉えていた。すなわちイギリスにとって、アメリカが日本に譲歩することは好ましくなく、アメリカが日本に譲歩するような動きを察知した場合には、ハリファクスを通じてアメリカ側に抗議を行なっているのである。クラークは、「五月二一日の対米警告はアメリカの対日警戒感を呼び起こした[49]」と感想を漏らしている。

この時PIDは、「アメリカによる日中戦争への仲介は、中国を見捨てることになりかねなかった。（中略）日本の対米接近は、日本が英米の間に楔を打ち込もうと画策していることから生じているため、英国政府は合衆国政府に対して警告を行なったのである[50]」と分析している。ここから英外務省の方針が、アメリカに働きかけることによって中国や英帝国を犠牲にした安易な妥協をしないように監視することと、英米間の紐帯を維持することであったことが垣間見えてくる。

その一方でイギリスの対米干渉がハルの逆鱗に触れたことに対し、クラークが以下のように書き残している。

「アメリカがこの問題（日米交渉）に対して思いのほか敏感であることが判明した。我々としては相談相手を（ハルではなく）ホーンベックに代表されるような国務省の面々に変えていくべきだろう。彼らは我々に対し、日本と交渉していくことの無意味さを説いてきてくれたのである。私が思うに、ハルのぶっきらぼうな反応は、彼らの原則とやっていることに矛盾を見出してしまったためではないだろうか[51]」

当時国務省政治顧問であったホーンベックは対日強硬派として知られており、また彼の対日観はイギリス外務省のそれに近かったようである[52]。

そしてこの一連の過程を通じてイギリス側は、極東政策に関してホーンベックやウェルズに頼るようになる。ホーンベックの強硬な姿勢は国務省の中で際立っていたようであるが、その影響力が無視できないものであったのも事実であり、英外務省とホーンベック、ウェルズの関係は、その後極東問題をめぐる英米関係の軸となっていく。

五月二七日にはようやくハルがハリファクスに対して日米交渉の内容を伝え、もしもの場合にはイギリスに相談することを伝えている。この時ハルはハリファクスに日本との妥協の条件として、①中国問題の解決、②極東の平和の維持、③日本の欧州戦線への不参戦、などを挙げている[53]。イギリスにとってこのようなアメリカとの連携は、極東でのお互いの方針を近づける意味で重要ではあったが、英米の間に思惑の差があったことも否めない。

あまり知られていない事実ではあるが、ＪＩＣが、「日本の南進を防ぐために日中戦争は続くべきである」[54]と結論付ける一方で、アメリカの主張は日本が中国大陸から一日も早く撤退するべきである、というものであった。すなわち現実主義的なイギリスは原則主義的なアメリカと一線を画していたため、日米交渉に対して注意を払っていたのである。さらに言えば、日米交渉は日米間の妥協のみによって成り立つ性質のものではなく、アメリカはイギリスや中国に対しても配慮しなければならなかったため、英米が中国問題で統一した見解を持てない状態での日米交渉妥結の見込みは薄かったと言える。

日米交渉のそもそもの問題は、東南アジアに死活的権益を有するイギリスではなく、同地域に余り関心を持たないアメリカが交渉に臨んでいたことであり、このことが日米間での妥協の成立を極めて難しくしていたのである。結果的に見れば、これは日本にとって悲劇であったが、他方、イギリスにとってはそれ程悪い話ではなかったのかもしれない。

イギリスの思惑

それではイギリスは、日米交渉に何らかの期待を見出していたのだろうか。英外務省は第二次大戦の勃発以来、日本に対しては外交的妥協を重ね続け、これ以上はどうしようもない状態でアメリカに交渉役を引き継いでもらった意識が強いため、アメリカがイギリスよりも上手く日本と交渉できるとは考えていなかった。またこの段階で極東における英米の思惑が一致していなかったため、イギリスは早急な交渉の妥結も望んでいなかったのである。

イギリスの思惑とは、日本との対決をできるだけ先に延ばし、極東における英帝国を維持することであったため、英外務省が日米交渉に期待していたことは、時間稼ぎと日本の対外拡張政策を抑止することであった。従って日米交渉がこの路線に乗って進展している場合は、イギリス側から異議を唱えることはなかったのである。JICも「アメリカが日本にとって不確定要素であり続けることによって日本に慎重な行動を取らせることができる[55]」と時間稼ぎの観点から日米関係を捉えていた。JICは、時間を稼げば稼ぐほど、日本は経済的に苦しくなり、その反面イギリスは極東の軍備を増強できると考えていたのである。

また、ベネット極東部長は後に日米交渉について以下のように述懐している。

「我々は密かに交渉のバトンをアメリカに渡した。（中略）重要なのはワシントンでの交渉が続いている間に、我々の状況をアメリカに理解させることなのだ[56]」

すなわちイギリスにとって日米交渉の意味は、日英関係においては時間稼ぎである一方で、英米関係の観点では、アメリカが日本と交渉することを通して、英米の極東政策を近づけることにあった。イーデンやベネットは、日中の和解があり得ない以上、日米交渉の妥結もあり得ない、と考えていた節がある。さまざまな外交史研究では、ハルは戦争の直前になってイギリス側に日米交渉の進展と暫定協定案の骨子を伝えたとされているが、実際にはハリファクスは事あるごとに日米交渉の進展をアメリカ側からもそれとなく聞き出そうとしており、イギリスに不都合が生じそうな場合には間接的に関与しようとしていた。

例えば一九四一年九月四日、GC&CSは八月二六日に近衛首相がローズヴェルト大統領に特別メッセージを送り、日米交渉を妥結させようとしていることを摑んでいた[57]。さらにその数日後、ハルは駐米英参事官ロナルド・キャンベルに対して、「アメリカは日本と合意できるならば、満州国を認める用意がある[58]」と伝えており、これらの情報はイギリスにとって日米交渉妥結の可能性をわずかながらも示唆していた。そのためイギリスは再び日米交渉に干渉しようとする。イギリスにとってこのようなハルの姿勢は、それまでのアメリカの対日政策を一八〇度転換したようなものであり、端的に言えばそれはアメリカの対日宥和策であった。

驚いた英外務省は再びハリファクスを通じて日米交渉に介入しようと試みたが、またもやハルは「我々はイギリスのためにも時間稼ぎを行なっているに過ぎない」と突っぱねるだけで、イギリスの介入を許さなかった[59]。このハルの返答に対してクラークは、「我々にはこの段階で日米の合意が可能であるとはとても思えない[60]」と感想を漏らしている。結局一〇月二日にハルが野村に妥協しなかったため、イギリス側の懸念は杞憂に終わったが、いずれにせよイギリスは日米交渉に対して無関心ではなかったことが窺える。

ただしハルの方も英米関係には配慮していたようである。当時、「一方に日米関係があり、他方に対英援助という我々の外交政策がある。そうなると日本とはあまり広い観点からの話し合いができる機会はないように感じる」との感想を残していることからも、ハルはイギリス側の口出しに良い印象を持っていなかったものの、ある程度は両国の関係を意識していたことが窺える。[61]

このようにイギリスの日米交渉に対する方針は、あくまでも間接的なアプローチであり、これは一九四一年後半の英極東外交を端的に表すものであった。もちろんアメリカからすれば、日米交渉の主導権はアメリカ、特にハル個人にあるわけで、イギリスの役割を過度に強調することはできないが、イギリスから見た場合、日米交渉はワシントンを介したイギリスの対日外交とも言うことができよう。

既にイギリスは直接の対日交渉によって日本に譲歩を迫れるほど強くなく、また日英米間での多国間交渉も日米双方との軋轢《あつれき》が予測されたため得策ではなかった。従ってイギリスはアメリカに対日交渉役を任せた上で交渉を注意深く観察し、英権益の犠牲の上に交渉が妥結しそうになると迅速に働きかけたのである。そしてこのような間接的アプローチを可能にしたのは、やはりイギリスの情報収集能力であった。

まとめ

極東危機から一九四一年中頃までの時期、極東における英米間の協力はなかなか前進しなかった。対日情報収集活動に関しては英米間でかなりの進展が見られたが、戦略協力体制が不備の状態では対日戦どころか、対日抑止すら困難であったため、イギリスは時間を稼ぎながらもその一方で、日本に対する経済的締め付けを緩めなかった。ＢＪ情報は日本の動向のみならず、日米関係の進展についてもある程度示しており、イギリスの対日、対米外交において有益なものであった。

外交面では日米交渉によってアメリカが極東でのイニシアチブを取っていたので、対日情報、戦略、外交すべてをイギリスが担っていた一九三〇年代と比べると、極東におけるイギリスの負担はかなり軽減していた。そして英米間に残った意見の相違は次章で説明していくように、一九四一年六月以降の国際関係の変動によって大きな変化を見せることになる。

日米交渉に関してはある程度情報を得ていたホワイトホールは、交渉の妥結が英帝国の権益を損なわないように先手を打とうとした。このようなイギリスの日米交渉への干渉はハルの不評を買ったが、その反面、アメリカにイギリスの意図を伝えることにもなったのである。イギリスの日米交渉に対する狙いは、主に時間稼ぎと極東における英米間の齟齬を取り除くことにあった。

一九四一年になると、イギリスは日本に関する情報を事前に得ても、それを基に対日外交を行なうわけでもなく、むしろアメリカに対して働きかけを行なっていた。すなわち情報収集は日本に向けられていたが、情報分析を経た後の外交政策になると今度はアメリカの方に向けられていたのである。このようなイギリスの対米外交を通じた対日政策とはわかり難いものであり、一九四一年にイギリスは極東で重要な役割を果たさなくなった、と考えられる所以である。しかしホワイトホールにおける情報の流れを検討することにより、イギリスの極東に対する関心が依然高いことが明らかになる。そしてこのような対日情報活動と対日政策は、七月の南部仏印問題の際に、より顕著に観察できるのである。

第七章
対日政策の転換点
日本軍の南部仏印進駐

近衛文麿首相と松岡洋右外相（写真提供：毎日新聞社）

一　イギリスの情報収集と分析

BJ情報と対日政策

政府暗号学校（GC&CS）による日本の新型外交暗号解読の成功は、イギリスの対日政策にとって多大な貢献となった。一九四一年二月以降、イギリスは日本の外交的意図を事前に知ることによって、外交政策を選択できるようになったと言っても過言ではない。イギリスは、日米の交渉が進む中、一歩退いた場所から交渉の進展を注意深く見つめ、不都合が起これば一方の当事者であるアメリカに詰め寄っていたのであった。

また三月の武器貸与法の成立によって大西洋は比較的安定しつつあったため、イギリスにとってはチャーチルの描いた理想のシナリオ——英米対日独——のためにアメリカを極東情勢に介入させることが急務であった。そしてアメリカを極東問題に引き込むための決定的な契機は、日本の南部仏印進駐に関する情報であった。イギリスはこの問題を取り扱うに際して、その外交とインテリジェンスを巧みに組み合わせ、目的を達成しようとしたのである。

日本軍による南部仏印進駐は、一九四一年の極東情勢における最も劇的な出来事の一つであり、それは日英米関係の決定的な断絶を招いた。イギリスはこの問題に際して二月危機以上の困難な問題を取り扱わなければならなかったが、ホワイトホールはそれほどの危機感を抱くには至らなかった。なぜならホワイトホールはBJ情報によって事前に情報を得ていたからである。

イギリスのインテリジェンスは日本が実際に進駐する約一か月も前から日本の南進の情報を摑み、分析を行なっていた。そしてそれらの情報はホワイトホールで最大限に活用され、対日、対米政策に利用されたのである。英戦時内閣の閣議において、日本が実際に進駐を開始する数週間前から日本に対する制裁の内容が検討されていたのは驚くべきことであろう。これらの過程を詳細に検討することにより、日本が南部仏印に進駐した際の英米の迅速な対日制裁を理解することができるのである。

またホワイトホールの南部仏印問題への対応を観察していくと、どのようにしてイギリスのインテリジェンスがこの危機に対処したのかが見えてくる。まさにそれは情報の収集から利用に至る一連の過程を経たものとなっていた。

独ソ戦の衝撃

一九三九年九月一日に欧州で勃発した第二次世界大戦は、一九四〇年六月のフランスの脱落によってイギリス対枢軸国という様相を呈していた。アメリカはイギリスを援助してはいたものの未だ中立を保っていたため、軍事力の観点から言えば枢軸側優位の状況が続いていたのである。そして両陣営にとって重要だったのはソ連の動向であった。極言すればソ連がどちらに付くかによって、戦争の推移が左右される可能性が高かったのである。当時の情勢を見ると、ソ連は共産主義国家として西側からは疎外されており、一九三九年八月に締結された独ソ不可侵条約と一九四一年四月の日ソ中立条約によってソ連の立場は枢軸寄りであると見られていた。

しかし戦略的にソ連を引き込もうと画策していたのは、イギリスのチャーチルであった。チャーチルは共産主義嫌いで有名であったが、ソ連がドイツ側に寄っているのは独ソ間に信頼関係があるからではなく、英独間に消耗戦を強いるためだけに傍観の立場を取っているものと見抜いていた。現に駐英ソ連大使、イワン・マイスキーの日課は、ドイツとイギリスの蒙った被害を別々に集計することではなく、双方を単に合計することであり、この事実はチャーチルも把握していたのである。[1] チャーチルの想定に立てば、ドイツとソ連の結びつきは機会主義的なものであり、双方の猜疑心からいずれは崩壊に至る可能性が高いと考えられた。そのためチャーチルはスターリンに戦略情報を送り続け、機会を見てはソ連とドイツの間に楔を打ち込もうとしていたのである。[2]

一方、ドイツのヒトラー総統は、一九四〇年七月にイギリスに対して和平を求めていたが、チャーチルはこれを拒否している。この時ヒトラーは、チャーチルの強気はアメリカとソ連への期待にあるが、ソ連が脱落すればイギリスに圧力をかけることができると考えたのである。ここでいう「ソ連の脱落」とは、外交によってソ連を枢軸側に引き込むか、独ソ戦によってソ連を降伏に追い込むかのどちらかを意味していた。ただヒトラーとしては独ソ間で合意が成立する可能性はかなり低いと考えており、日独伊ソ四国同盟構想はリッベントロップ外相の個人的な考えが強く反映されたものに過ぎなかった。[3]

ヒトラーは、一九四〇年一二月には対ソ戦を決定しており、翌年六月二二日に「バルバロッサ計画」を発動し、突如ソ連に侵攻したのである。ヒトラーは対フィンランド戦に苦戦したソ連の軍事力を過小評価していたため、対ソ戦については楽観的であったといわれている。ヒトラーの対ソ戦略はソ連そのものというよりは、イギリスを追い込むための手段として位置づけられていたのである。

アメリカから見た場合、枢軸寄りと見られていたソ連は不確定要素であり続けた。独ソ戦の勃発までソ連はドイツに対して石油製品や綿花を輸出していたし、日本が東南アジアから輸入した天然ゴムなどの戦略物資に関してもシベリア鉄道を通じてドイツに供給されており、このようなソ連の行為はアメリカ政府を苛立たせていた。そもそも日本の南進を望むソ連と、それを望まないアメリカの立場は根本的に異なっていたのである。

このように一九四一年前半の米ソ関係は疎遠であったが、六月二二日の独ソ戦の勃発によって状況は激変することになる。アメリカ政府は当初ソ連が持ちこたえられるかについては懐疑的であり、スティムソン陸軍長官やフランク・ノックス海軍長官がローズヴェルト大統領に進言したように、独ソ戦はアメリカが大西洋の守りを固めるまでの時間稼ぎとしか認識されていなかった。

しかし七月一〇日にローズヴェルトがコンスタンティン・ウマンスキー駐米ソ連大使と話し合いを持ち、さらにローズヴェルトの腹心であるホプキンスが七月三〇日から八月一日にかけて訪ソし、スターリンからソ連の内情を詳細に伝えられたことは、米ソ関係の転機になった。[4] そしてソ連が持ちこたえられるという観測が広がり始めると、アメリカの対ソ観は変化していく。アメリカはソ連を明確に同盟国と認識し始め、物資の供給などによってソ連の延命のために手を尽くすことになったのである。その後一一月二日、アメリカ政府は対ソ援助にあたって武器貸与法を適用することを決定し、一〇億ドルの対ソ信用供与の実行を表明することになった。このようなアメリカの対ソ政策の変化は日米関係にも少なからぬ影響を与えることになる。

一九四一年四月から行なわれていた日米交渉におけるアメリカ側の当初の狙いは、日米関係の改善とアメリカを仮想敵国とした三国同盟から日本を脱落させることにあったが、独ソ戦勃発後はソ連が三国同盟に加わる可能性はなくなり、アメリカはソ連の延命を重視するようになったため、日本との交渉目的は、時間を稼ぎつつ日本のソ連侵攻も防ぐという意味合いが強くなっていく。[5] 国務省顧問のホーンベックが、「もし我々が日本と合意してしまった場合、日本がソ連を攻撃する機会が増大することになる」[6] と書き残しているように、アメリカとしてはソ連を犠牲にしてまで日本に妥協する必要はなかったのであり、英蘭を危険に晒すような日本の南方進出も論外であった。つまりアメリカにとって独ソ開戦後の日米交渉は、日本を北にも南にも向かわせないよう外交交渉に張り付けておくという狙いがあったといえよう。

南部仏印進駐の兆候

このように、一九四一年半ばまでの情勢は混沌としたものであったが、七月の南部仏印問題によってこのような情勢は急激に変化していく。イギリスが初めて日本の南部仏印進駐への関心を察知したのは、恐らく六月二一日頃であった。

この日、GC&CSは松岡外相が大島駐独大使に送った訓電を解読している。その内容は、

「まず南部仏印に飛行基地を獲得し、艦船の出入りの自由を確保すること。できる限り早くリッベントロップ独外相に対しヴィシー政府の同意を促すよう要請してもらいたい。特に飛行場の確保に着手するよう仏印当局に申し入れてほしい」[7]

というものであった。

軍事基地の必要性に関しては、「仏印におけるイギリスの攪乱に備えるため、もしくはイギリスに機先を制されないための防止処置である」[8]と、松岡はイギリスに対する警戒を露わにしていた。さらに数日後の訓電では、仏印進駐に伴う武力行使の可能性も示唆している。[9]

またGC&CSはバタビアの日本領事館が、日蘭会商（蘭印の石油を始めとする天然資源確

保のために話し合われていた日蘭間の会談）の決裂を伝えていることを捉えており[10]、ここでも資源を求める日本の南進の可能性が生じていた。

　東京ではこの時期の独ソ関係が極めて不透明であったこともあり、松岡は本心では軍部主導の「南方施策促進に関する件」、すなわち積極的な南進に対して躊躇《ちゅうちょ》していたのだが[11]、そこまで知る術のないイギリスにとっては、これらの情報は日本の南部仏印進駐の意図を示すものであった。

　同じ二一日、英海軍情報部（ＮＩＤ）はＧＣ＆ＣＳからの情報を受け、シンガポールで日本海軍の通信を傍受していた極東統合局（ＦＥＣＢ）に、「日本政府は、南部仏印における飛行場と日本船舶が自由に出入りできる港湾施設の確保が不可欠であると考えているようだ[12]」と警告を発しており、イギリス側の緊張感は高まっていた。

　しかしながら六月二二日の独ソ戦勃発により、事態は流動化する。松岡が単独上奏して対ソ戦を訴えたように、日本としてもその戦略の焦点が合わず、イギリス側にもその推測と対応は困難であった。イギリスの関心は、日本が北に進むか南に進むかに収斂されていた。

　一方、松岡にとって独ソ戦の勃発はショックであった。松岡の戦略としては、日独伊三国同盟にソ連を加えて四国同盟にするはずだったのが、いきなり独ソがお互いに戦い始めたのである。松岡や各国大使はドイツ、ソ連の間に板ばさみとなり、駐日ソ大使コンスタンティン・スメタニンやオット駐日独大使に対して松岡は、「独ソ戦は天災だ……政府の方針はまだ何も決まっていない[13]」と答えることしかできなかった。

しかしロンドンでは二五日、既に外務省政治情報部（ＰＩＤ）が日本の南進の可能性が濃厚であると判断しており、[14]これはベネット極東部長の「北進よりも南進の可能性大」といった情勢判断に繋がる。[15]また英参謀本部も上記のＢＪ情報を取り上げて日本が仏印に侵攻すると捉えていた。[16]これらの推測は日本の北進、すなわち日ソ戦を予測していた米国務省とは対照的であった。

東京ではこのような状況下で七月二日、御前会議が開かれ、正式に南進の方針（「情勢の推移に伴う帝国国策要綱」）が確認されたのである。この時松岡は南部仏印問題が外交手段のみによって解決し得るとは考えておらず、また杉山元参謀総長も、南部仏印進駐によって英米を刺激するのは明らかではあるが、英米の策略を封殺するには必要である、[17]と発言していた。この時、「目的達成の為対英米戦を辞せず」という文句が採用されたが、これは松岡の対ソ戦主張を封じるための文言でしかなく、実際には陸海軍とも英米との戦争覚悟からは程遠い状態であった。この要綱の焦点は、日中戦争解決、つまり援蔣ルート封鎖のために南部仏印に進駐することであり、独ソ戦の推移次第では北進する可能性もある、といったところである。

この決定に関しては東条陸相を始め、杉山や土居明夫作戦課長も、南部仏印進駐敢行が引き起こす英米の反応については幾分楽観的なところがあった。確かに七月初旬の時点で、厳密に英米の意図を測ることは難しかっただろう。しかしこの御前会議の決定を受けて松岡が大島駐独大使と建川美次駐ソ大使にそれぞれ送った通信は、イギリス、あるいはアメリカ側に筒抜けであった。そしてこの後、実際に日本軍が南部仏印に進駐するまでの一か月近くの間、イギリス側には日本側の計画に沿って対策を講じる時間が十分にあったのである。

GC&CSが傍受した情報に拠れば、松岡は、独ソ戦の参戦に関して、「日本は引き続き注意深く極東ソ連情勢を見守っていく」に留まり、当面の方針としては「米英に圧力をかけるべく南部仏印に地歩を固め、日本は太平洋の監視役となる」ことをドイツ側に伝えていた。[18]一方モスクワの建川大使には、「日ソの良い関係を継続していきたい」[19]と参戦の意図を否定しており、また駐日伊大使館は本国に日本の南進の可能性を伝えていた。[20]これらのBJ情報が日本の積極的な北進の否定と、南進の意図をこの時点で明らかにしていた。

さらに問題は、日本陸海軍が英米との対決の有無を曖昧にしたままの状態で、外務省から在外大使館に送信された文面が英米側に漏れていたことであった。この時点で日本側の意図は、南進による日中戦争の早期終結と積極的な北進の否定にあったが、外交電報の文言からはそのような意図を読み取ることはかなり難しい。この時のアメリカ側の反応を検証した外交史家の森山優によれば、スティムソンやノックスは日本の仏印進駐の意図にはほとんど注意を払わず、むしろ日本が太平洋で英米を監視するという一文に過剰に反応したという。森山はこれについて、「彼らは情報のなかに自分たちが『見たいものを見た』のである」と評している。[21]

もちろんイギリスのGC&CSもそのような外交通信の行間を読めていたわけではなく、額面通りに日本が南に攻めてくる、と受け取ったようである。そしてこのような情報は、ホワイトホールに迅速な対応を迫ることになる。

英極東戦略の転換点

七月四日、イーデン英外相は上記の東京からベルリンの暗号解読情報に接し、その対応に追われていた。日本の南進問題に関しては、当時BJ情報への信頼度が高かったことと、状況が逼迫していたこと、そして四日が週末で閣議を招集できなかったこともあり、イーデンは自ら早急に手を打つことになった。

イーデンはまず駐英米大使ワイナントと会談し、アメリカ政府から日本に対する警告を発するように申し入れ、さらにハリファクス駐米英大使に対しても、ワイナントと会談した線で米国務省と協調するよう指示しており、駐日米大使グルーによる対日警告が期待されていた。[22]この時点でイーデンは、英米による迅速な対日警告が日本の南進を防ぎ得ると考えていたようである。

さらに同日、対日政策を検討する英極東委員会は、「日本はシベリア攻撃を放棄して、南進を決意したようだ。恐らく次は南部仏印への基地使用権の要求であり、最後通牒から数時間後に武力攻撃が始まるだろう[23]」と予測していた。実際の帝国陸海軍当局の計画に拠ると、武力行使に至る時間は四八時間と幅があったが、[24]この極東委員会の推察はおおよそ的を射ていたと言える。

イギリス極東政策にとって最善とされたのは、日本が南進を諦め、北進することであったため、この南進の予測は悪い知らせであった。しかし一九四一年初頭に比べると、GC&CSからのBJ情報とワシントンやシンガポールで行なわれていた英米間の戦略交渉により、英極東戦略は比較的安定感を増していたため、日本南進の情報は二月危機のようにホワイトホールに混乱をもたらすこともなく、イーデンらは冷静な対応でアメリカに働きかけることができたのである。

一方、イギリスの迅速な対応に対して、アメリカ側の反応はそれほど緊迫したものではなかった。なぜならローズヴェルトはイギリスによるアメリカ引き込み政策を警戒しており、またこの時点でアメリカ側では日本の対ソ参戦が大方の予想であったからである。[25] 七月三日、ウェルズ国務次官はハリファクスに、「蔣介石からの情報に拠れば、日本が日ソ中立条約の破棄と対ソ戦を決定したらしく、大統領もこの情報を信じているようである」[26]と伝えている。

この英米の反応の差は、実際に東南アジアで危機に直面していたイギリスと、直接には日本からの損害を被らないアメリカとの立場の差もあったのだろうが、恐らく米陸軍通信情報部（SIS）が傍受していたヨーロッパと東京を行き来する通信の量は、GC&CSほど多くなかったのではないかと考えられる。逆に、GC&CSはSISほどワシントン—東京間の通信を拾えていない。さらにBJ情報は英外務省に広く配布された上で検討されていたのに対し、米国務省でマジック情報を閲覧できたのはハルだけであり、この時期はローズヴェルト大統領もマジック情報に目を通していなかったため、マジック情報の処理がそれほど迅速に行なわれていなかった。

さらにこの時期、ハルは療養と称して七月後半までワシントンを離れている。このようなハルの行動は唐突ではあるが、アメリカの極東への積極介入を望むイギリスにとっては、慎重派の国務長官の不在はむしろ好都合となった。ハリファクスやN・バトラー駐米英公使の交渉相手は、ウェルズ国務次官や国務省政治顧問のホーンベックといった、極東政策においては積極派の面々であったため、英米間の交渉は比較的スムーズに進むこととなったのである。

同時にロンドンのイーデンは、クレイギー駐日英大使にもBJ情報を伝えようとしていた。外相を務めたことのあるハリファクスと異なり、クレイギー自身はBJ情報の存在を知らされておらず、イーデンはGC&CSの情報源を守るために、一旦、上海発の情報として『デイリー・テレグラフ』紙に日本の南進の情報を流し、その新聞記事を自ら取り上げてクレイギーに指示するほどの念の入れ様であった。[27]

このようなメディアに対する情報のリークは、ホワイトホールが得意とした戦術の一つであり、対日政策においても頻繁に利用されてきた手段である。その目的は情報源を巧みに隠蔽しながら日本を抑止することとアメリカの注意を極東に引くことであった。七月五日には『ニューヨーク・タイムズ』紙がこの情報を取り上げたため、ワシントンではマックスウェル・ハミルトン国務省極東部長が野村大使に問いただすことになったが、野村はこれを否定している。[28]

イーデンはクレイギーに対し、「(デイリー・テレグラフの)記事に拠れば、日本が御前会議によって南部仏印の基地掌握を決定したらしいので、日本外務省に対し状況の深刻さを訴えてほしい」と伝えている。[29] イギリスの対日外交政策は二月危機の際とは異なり、イギリスから日本への抗議や警告はほとんど行なわれていない。唯一このクレイギーによる対日牽制が、警告らしい警告であった。七月五日、クレイギーは大橋外務次官を訪問し、イギリス側の懸念を伝えている。

一方、日本側にとってこのクレイギーの訪問は寝耳に水だったようで、『機密戦争日誌』には「（情報の）出処は何処？　恐るべし」[30] と記されている。また大橋にはこのクレイギーの警告がかなりショックであったようで、以下のように記している。

「私は内心愕然たらざるを得なかった。誰がもらしたのか、如何にしてもれたのか知らないが、この重大案件はもれてしまったのだ。英国の諜報網は驚くべき優秀なもので、今までもクレイギー大使は日本の英独戦争に対する中立違反の問題等につき、適確な情報を持ってきては幾度も私を困らしてきたのである。（中略）今度は南部仏印進駐という重大案件を如何にして諜知したものか知らないが、発電しようとする間際になって大使が飛び込んで来たことは驚くべきことであった。私は咄嗟の間、考える術もなく『事実無根である』と答えてしまった」[31]

この時点でイーデンは対日警告によって、日本の南部仏印進駐を牽制するつもりであったのだが、肝心のアメリカがイギリスの意図を汲んでの対日警告を行なわなかったため、このクレイギーによる牽制は曖昧なものとなってしまった。もしイギリスが日本の南進を本気で阻止したいのであれば、日本外務省や在英日本大使館に対してさらなる抗議を行なう必要があったであろう。一九四一年二月に同じような危機が生じた時、クレイギー、チャーチル首相、イーデンらは日本に対して幾度となく抗議を繰り返している。

しかし七月の危機に直面してイギリス側は微温的な警告に留めており、またその後は警告を行なっていない。二月危機の際は極東におけるイギリスの孤立は明白であったが、今回イギリスはアメリカに対する期待から、アメリカの動向を窺いながら行動することになったのである。またこの時点ではまだ戦時内閣でイギリスの対日政策がはっきりと定まっていなかったこともあり、アメリカからの援護がない状態でのイギリスのスタンド・プレーは好ましくなかった。しかしこのクレイギーの牽制によって、イギリスは一時的に時間を稼ぐことができたのである。

内大臣を務めた木戸幸一の残した『木戸日記』に、

「松岡外相参内、面談、仏印進駐につき実は今日頃より右の外交々渉を進めんとしたるところ、外部に漏れたると見え、クレーギーより右が事実なれば英国としては極めてシーリアスな問題と考えうる旨の申入を大橋次官になしたる事実より、之が推移を見る為め、五日許り延期する決心なりとの話ありたり」[32]

と記されているように、松岡は情報流出の危険を恐れて対仏交渉開始を延期しているから、このクレイギーによる牽制は一定の効果を収めたと言える。イギリス極東戦略の基本姿勢は、対日抑止を犠牲にしても対日戦のリスクを負わないことであり、また日本を微温的に牽制しながらアメリカの極東介入を待つというものであったから、この時期に時間を稼ぐということはイギリス自身のリスクを軽減するだけではなく、アメリカに働きかける時間を作るという意味でも重要であった。極東の問題はもはやイギリス一国ではどうにもならない状態であり、極東委員会と英外務省はクレイギーの牽制によって、とりあえず閣議の決定とアメリカとの意見調整までの時間を得ようとしたのである。

さらに付け加えるなら、二月にチャーチルやイーデンが重光に抗議したのは、イギリスが日本の外交暗号を解読できていなかったことがその動機の一つであり、逆に暗号を解読できるようになった七月の時点であまりに厳密な警告を行なえば、GC&CSが日本の外交通信を解読していることを日本側に察知される恐れもあったのである。ベネット極東部長がこの時の決定の様子を後に述懐している。

「我々が日本に対する警告を取りやめた原因は、まず情報源に対する配慮からであり、さらなる警告が日本を抑止し得るかどうか微妙であったからである。そしてアメリカが劇的な行動をとる頃には、日本はもう後には引けない状況になるだろうと考えられたからである」[33]

この時間稼ぎによって得られた時間は、英極東戦略にとって重要なものとなった。なぜならこの間にホワイトホールでは極東戦略の方針を確定し、アメリカに対する外交的な働きかけを行なうことが可能になったからである。この段階ではまだアメリカとの共同行動が取れないと判断したイーデンは、警告による速やかな対日抑止策を放棄せざるを得なくなっていた。

七月七日の閣議でイーデンは、「我々は戦争の危険を冒してまで対日抑止策をとることはできない」[34]と発言するに至っている。一見このイーデンの対日政策は消極的に映るが、一九三〇年代後半からの対日政策を振り返った場合、これは英極東戦略の一大転換点であった。なぜなら一九四一年二月まで、極東で日英間の懸案が生じそうな場合には常にクレイギーが外務省を訪れ、日本側と交渉を重ねるというような構図が定着していたが、今回は日本の南進の意図が明らかであるにもかかわらず、イギリスはこれを完全に黙認してしまったからである。

このようなイギリスの態度は巧妙であった。ベネットの言葉にもあるように、英外務省はイギリス単独の対日抑止の有効性に疑問を持っており、アメリカが事前の対日抑止を行なわない状況では、先に日本に行動を取らせておいて、後でアメリカが何らかの対日政策を打ち出さざるを得なくなるような状況を期待していたわけである。

またイーデンはこの閣議で、日本が南進してきた場合の経済制裁、特に一九一一年に新たに締結された日英通商航海条約の廃棄を提案していたが、[35] この制裁発動にはやはりアメリカとの連携が不可欠であった。

その結果、七月九日にハリファクスがウェルズと話し合い、ウェルズはローズヴェルトに対日経済制裁について提案するに至っている。この時点でウェルズは対日制裁に肯定的であったが、ローズヴェルトがまだ決断しかねていたため、英米間のコンセンサス成立には至っていない。しかし、もし日本が本当に南進してくるならば、武力による領土変更を認めないアメリカにとって重大な問題となるため、何らかの対日制裁を検討せざるを得なくなっていた。従って英米が通信傍受情報によって日本の動きを注意深く観察している間、ワシントンでは英米の間で、日本の南進の可能性と、対日経済制裁についての議論が行なわれることになった。

二　英米による共同制裁の発動

アメリカの極東介入に備えて

クレイギーの訪問から一週間後の七月一二日、東京から対仏交渉開始の訓電が加藤外松駐仏日大使に送られた。この訓電の中で松岡は東京で交渉を行なって情報が英米に漏れることを恐れた結果、パリでの交渉を指示しており、交渉内容を絶対に英米に知られてはならないと念を押していた。松岡は英米に事を悟られることなく、電撃的な南部仏印進駐を画策していたのかもしれないが、GC&CSはこの訓電も解読している。[36]

通信情報の観点から見れば、松岡が交渉の場をパリに移したことはイギリスにとってはむしろ有益に働いた。なぜならパリでの交渉のためには東京から逐一訓令を送らなければならず、英米はこのようなパープル暗号で送受信される外交通信を読むことができたからである。北部仏印進駐の際には、主な交渉は東京で行なわれており、現地交渉の際にもハノイの西原機関と東京の通信には軍事暗号が使われ、日本側の機密情報はある程度守られていたが、今回日仏間の交渉は英米に筒抜けとなってしまったのである。この点も南部仏印進駐に至る過程で、日本側が犯した失策の一つであった。

一方、ホワイトホールは日本が南部仏印の基地使用権に関する最後通牒を送ったものとして[37]、迅速な対応に追われていた。一三日、イーデンはハリファクスに対し、「もし対日経済制裁を行なうなら、それは強力な一撃でなければならず、もし実行すれば日本には二つの選択肢しか残されないだろう。それは撤退か戦争かである。果たしてアメリカにそのような覚悟があるのか[38]」と伝えており、アメリカに断固たる態度を取るよう促していた。

イーデンが本気で対日戦の覚悟をしていたかどうかその真意は測りかねるが、これはアメリカが微温的な対日制裁を行なわないようにするための予防策であったと考えられる。翌日ハリファクスはウェルズに、「対日経済制裁というのは、（漸進的なものではなく）一度にすべて（対日貿易制限、資産凍結など）を日本に課すということか」と尋ねたところ、ウェルズはこれを肯定しているから[39]、この時点で対日制裁の内容に関する双方の理解は成立していた。従ってここからの問題は、英米がそれを実行に移すのか、その場合それはいつ、どのように実行するか、ということであったが、ローズヴェルト、チャーチルとも、対日経済制裁に関する明確な言葉をまだ事務方に与えていなかったのである。

その間にもBJ情報は状況が急を要することを示していた。七月一四日に傍受された東京からパリへの訓電の中で、松岡は二〇日を目標に交渉を妥結するよう指示していた。この情報を知らされたカドガン外務事務次官は以下のように書き残している。

「午後七時ごろ日本の通信を解読した情報が入ってきた。日本は二〇日までに仏印基地を掌握することを決定したようだ。我々は外務省に戻り、極東部と協議してワシントンへの訓電を作成した。とにかくこの日本の意図をマスコミに公開するべきだろう」[40]

このように切迫した状況の場合、BJ情報を政策に反映させるまでのプロセスは簡略化される。一六日にはハリファクスから国務省へこの情報が伝えられたが、ホーンベックはこの二〇日という期限の重要性に疑問を呈していた。[41] この時点で迅速な対応を願うイギリスと、もう少し様子を見たいアメリカとの温度差は明らかであったと言える。

一五日、外務省ではイーデン、カドガン、ミンギスMI6長官らが協議して、松岡が秘密裏にフランス側に突きつけた要求を新聞社にリークすることと、この件に関してはアメリカと協調路線をとることが決定された。[42] 前述のように新聞への情報のリークは当時英情報部が得意とした戦術であり、またこれにはアメリカに対するアピールの意味もあった。日本の南進による危機感を煽ることにより、イギリスはアメリカの関心を極東に引きつけようとしたのである。英外務省としては、アメリカとの連携行動が取れない限りイギリスによる対日単独制裁を決断することはできなかった。

極東委員会においても日本が南進を果たした後の制裁について検討しており、イギリス単独で実行できる対日政策として、日本に対する経済制裁とプロパガンダの必要性が議論されていた。極東委員会も新聞に情報を流して、反日キャンペーンを煽ろうとしていたのである。[43]

その他の対日政策として極東委員会は、①マレー沿岸における日本商船運航の制限、②オーストラリア兵の蘭印への移動、③仏印における仏籍船舶の撤収、④在シンガポール日本総領事館の閉鎖、⑤日系企業に対する締め付け、⑥アメリカに日本資産の凍結を要請、⑦対日輸入制限、などといった対抗措置を提案していたが、結局、極東委員会もこの時点で日本を抑止することはできないと判断しており、アメリカの対日制裁発動を待つしかないという結論を下していた。[44] しかし対日経済制裁は、日本からドイツへの戦略物資輸出を食い止められるという副次的効果も有しており、イギリスとしては対独戦をも視野に入れた対日制裁の実行を検討していたのである。

ホワイトホール全体でも、対日抑止策について検討がなされてはいたが、前述のように英外務省は南部仏印進駐前の対日抑止を放棄していたし、対日避戦を掲げていた参謀本部も外務省に同意していた。英参謀本部にとって、日本による南部仏印の掌握は極東における大英帝国の要、シンガポールの防衛をより困難にすることを意味していたが、もはや軍部は日本の南進を抑止する手段を見出すことができなかったのである。その結果参謀本部は日本を過度に刺激しない程度の経済制裁を模索し、またその一方でイギリス単独による制裁についてはその効果を疑問視していたのであった。

参謀本部や大蔵省は、対日制裁はまずアメリカが行なった後、アメリカよりも控えめに行なうべきで、その結果日本の矛先がアメリカに向くことを望んでいた。[45] 従ってこの時点での英極東政策は、単独で日本と対立するよりは、日本に行動を取らせておいてそれに対するアメリカの対応を待つ、といった方針で固まりつつあったのである。このイギリスの政策は、第一次大戦以来の対英警戒感を抱かせることなく、アメリカを極東に介入させるための苦肉の策であると同時に、極めて巧妙な策でもあった。イギリスは来るべきアメリカの極東介入に備えて、時間稼ぎと対米情報提供といった下準備を進めていたのであり、ここにBJ情報が利用されたのである。

この時チャーチルは「日本が我々に対し戦争に訴える可能性が低いことを確信した……もし日本が戦争を挑んでくれば、アメリカが参戦する可能性が高くなるだろう」[46]と記しているが、これは例外的な見解であった。チャーチルはこの時期、八月の大西洋会談を控えていたので[47]、その際ローズヴェルトから極東問題に対する確約を得られるとの期待から、日本に対する強気な姿勢を崩さなかったのかもしれない。

イーデンやカドガンは、日本の南進が即、対日戦の勃発を意味すると考えていたわけではなく、漸進的に南進してくる日本の侵略の手が、いずれタイにも伸びてくるだろうと推測していたため、そうなる前に南部仏印問題を機に、日本側へ強い意思表示をしておく必要性があると見ていた。従ってホワイトホールの総意としても、BJ情報により日本の南部仏印進駐がほぼ確実になりつつある状況で、イギリス単独による困難な抑止策よりは、日本が南進を果たした後のアメリカとの共同制裁が望まれていたのである。よって問題は、対日経済制裁の内容であり、イギリスが日本との対決を覚悟して全面的な対日禁輸と資産凍結に踏み切るか否かであったが、これについてはアメリカの出方を窺うしかなかった[48]。

イギリスにとってさらに重要だったのは、対日制裁を通じてアメリカを極東問題にコミットさせることであった。日本が行動を起こした後、それに対するアメリカの対日制裁発動を待つ方がイギリスにとって合理的であるから、重要なのは対日抑止策よりもアメリカの対日制裁が確実になるような、アメリカへの働きかけであった。

しかしローズヴェルトとしては、独ソ戦の状況が流動化している中で早急に極東情勢に介入する必要性はなく、また対日戦の準備には時間が必要であったし、進行中の日米会談を頓挫させる理由もなかった。ただしハリファクスがローズヴェルトやウェルズに働きかけている間、野村大使はハル国務長官との会談を求めてその滞在先にまで連絡を取り、ハルに断られている有様だったから[49]、この時期の日米交渉はほとんど進展していなかったのである。

ローズヴェルトはハリファクスとの会談で「イギリスの役割は当面の時間を稼ぐことである」[50]としか言及していなかったし、この段階ではホーンベックも日本が南進すればそれなりの制裁を加えると話していたが、問題はアメリカ側が日本の南進が差し迫っていると深刻に考えていなかったことであった[51]。これはアメリカ側に依然として日本の北進の予想が根強かったためで、もう少し様子を見たい、というのが大方の本音であっただろう。また国務省はイギリスが対日制裁に関する具体的な内容を明言しないことに懐疑的であり、アメリカが対日制裁で前に進みすぎることを恐れていたのである。

南部仏印進駐と対日制裁

上記のようにアメリカ側はイギリスの真意を把握しかねていたが、ハリファクスやイーデンもローズヴェルトの反応が曖昧であることに苛立ちを覚えていた。イーデンは極東における日英の対決は遅かれ早かれ不可避であると信じていたので、中途半端な解決策よりは、南部仏印問題を機に英米共同の対日制裁に訴えて、一刻も早く両国の結束を固めたいと考えていた。[52]また英外務省と植民地省は英連邦諸国とも意見調整を行ない、アメリカが対日制裁を打ち出した場合、いつでもそれに追随できる体制を用意していたのである。

イギリスは対日抑止を犠牲にした分、極東における対米協調を積極的に進めるようになっていた。ハリファクスの働きかけにより、ローズヴェルトやウェルズは、日本が何らかの行動を起こせば制裁を加えることには同意していたが、前述したようにローズヴェルトは第一次大戦の経験から、イギリスに火中の栗を拾わされることを嫌って、極力極東問題に関する明言を避けており、特に対日貿易制限には慎重であった。米極東戦略にとっての問題は、日本との対決を先送りしたい一方で、論理的には日本が南進した場合の制裁発動は避けられない、という難解なものであり、ローズヴェルトは日本との戦争を招かない程度の内容とタイミングで対日制裁を行なわなければならなかったのである。

日本国内に目を向けると、七月五日のクレイギーの日本に対する牽制は、結果として日本に危機感をほとんど抱かせることなく、日本の南部仏印進駐を誘発してしまったように受け取れる。この辺りにも日本陸軍の、南部仏印、タイ進駐は英米の反発を招かない、といった楽観主義の一端を見て取れよう。クレイギーの牽制についてはそれ以降、日本の政策決定者たちがその意味を真剣に考慮した形跡は見当たらない。

もちろん日本側でも慎重な対応を求める声は存在していた。南部仏印進駐を知らされた幣原喜重郎元外相が近衛首相に「きっと戦争になります」といったのは有名な話であるが、[53]一度決定した国策をひっくり返すのには莫大な政治力が必要とされるし、近衛はそこまでの決意も持っていなかった。松岡外相はハルから送られてきた日米交渉に関するオーラル・ステートメントの処理に時間をとられており、また三国同盟にこだわる松岡と、アメリカとの関係を改善したい政府との軋轢は最高潮に達していた。そのため一六日の内閣総辞職に向けて政府は右往左往することとなった。

その結果、クレイギーの警告はぼやけてしまい、また機密保持に対する日本側の自信も手伝って、南部仏印進駐に対する漠然とした楽観主義はほとんど変化しないまま事態は進展していく。英外務省がとった日本の南進に対する微温的態度、イギリスが対日警告やプロパガンダを積極的に行なわなかったことが、日本側の楽観主義を増長させ日本の南進政策を抑止できなかった要因の一つとなってしまったようにも見える。後に米英が対日資産凍結に踏み切った時の日本側の驚きようには、このクレイギーの微温的態度とのギャップが作用していたのであろう。

日本陸海軍の立場に立つと、もし南部仏印進駐を撤回するとすれば、海軍が何とか押しとどめてきた北進策が頭をもたげてくることになる。よく知られているように、六月二二日に勃発した独ソ戦を契機にして、陸軍参謀本部作戦部を中心に、対ソ戦が主張されるようになった。作戦部の方針として満州には極東ソ連軍三〇個師団に対して一六個師団程度を警戒兵力として常駐させるということになっていたが、独ソ戦勃発によって極東ソ連軍が西送されており、ソ連側が一五個師団を下回るようであれば北進の好機と考えられていたのである。[54]従って作戦部としては関東軍の兵力を一六個師団体制から四〇個師団程度に増強し、関東軍の兵力が極東ソ連軍の少なくとも二倍を上回ることになれば、対ソ開戦というシナリオを練っていた。

このような状況のため、今さら南部仏印進駐を延期、もしくは中止することは、逆に対ソ戦を誘発した可能性も考えられ、イギリスによるさらなる対日警告が日本の南進を防げたかどうかはかなり微妙であったと言えよう。

GC&CSはこの時期も日本の外交通信を傍受、解読し続けていた。東京からバンコクへの外交通信では、南部仏印への進駐を「共同防衛という名の占領」と表現し、英米が介入した場合は武力衝突も辞さない姿勢を打ち出していた。同時にタイ政府を日本側に引き込むよう、日本領事館に指示していた。[55]一方、ワシントンに対しては、進駐は「日本帝国の生存と自衛のため」[56]と異なったニュアンスで送信されていた。前述のように日本としても南部仏印進駐に対する確固たる姿勢を決めかねている中で、バンコクへの通信はかなり挑発的である。恐らくこれはタイに圧力をかける意味で、強い言葉が必要だったのだろうが、それを傍受していたイギリスにとっては、将来のさらなる日本の南進を示すものであった。

一方、ワシントンにおいて、英米間の話し合いは着々と進展していた。恐らくこの段階においては、かなりのBJ情報がイギリス側から提供され、またアメリカも同じく通信傍受情報を得ていたため、ハリファクスからの懸命な訴えは日本の南進が迫っていることをアメリカ側に認識させていたのだろう。日本の南部仏印進駐が確実なものとなれば、アメリカとしても傍観しているわけにはいかなくなるのである。

七月一七日、ハリファクスはロンドンに対し、「アメリカは日本が南部仏印に進駐した場合の対日資産凍結について真剣に検討している。我々にもアメリカと共同制裁措置を取る用意があることを公式に通達するべきだろう」[57]と送っていることから、ハリファクスはアメリカの対日制裁発動に関してかなりの手ごたえを感じていたようである。一九日にはウェルズが、対日制裁の件で了承したので後は大統領の決断に任せる、とN・バトラー公使に伝えており、この時点でハリファクスはアメリカが対日制裁に動き出すと確信していたようであった。[58]

ハリファクスは二一日、「恐らく対日制裁は大統領の許可を得られたと考えられる」[59]とロンドンに送っており、同日、英戦時内閣において日本が南進した場合の対日経済制裁発動が正式に決定されている。[60]この決定を受けて、ノエル・ホール公使とN・バトラーがディーン・アチソン国務次官補を訪れ、イギリスと英自治領は日本の資産を凍結する用意がある、と初めて対日経済制裁に関する詳細を伝えた。[61]

アチソンの回顧によると、「機会は七月二一日、イギリス公使ネヴィル・バトラーとノーエル・ホールとがイギリス側がいかに強固な態度に出る用意があるかを私に告げるために来訪したときに、到来した[62]」とあることから、恐らく七月二一日前後に、対日共同制裁へのコンセンサスが成立したと考えられる。従って英米による対日共同制裁が実現可能となったこの段階において、南部仏印進駐の実行はむしろイギリスの青写真に沿ったものとなってしまったのである。

日本においては七月一八日、松岡を内閣から追い出して海軍出身の豊田貞次郎を外相に迎えた第三次近衛内閣が成立した。この時クレイギーは「松岡の放逐は歓迎すべきであるが、その反面、ドイツとの紐帯から解放された日本は、日本独自の国益を追求するようになるだろう。（中略）まだ楽観視するには早すぎる……」[63]と報告している。イギリスから危険人物のレッテルを貼られていた松岡が、今や日本の南進を止めようとする立場にあったのは何とも皮肉な話ではあるが、このようなクレイギーの洞察は正しかった。英米側の期待とは裏腹に、GC&CSは豊田外相がフランスに通告した最後通牒や、独伊の日本大使館に向けた第三次近衛内閣の外交方針に変化なし、といった内容の通信を傍受していたため[64]、極東委員会も松岡の解任が日本の南進を防ぎ得るとは考えていなかった[65]。そして七月二二日、GC&CSはフランス側が日本の要求を受け入れたことを確認している[66]。

さらに二三日、アメリカはマジック情報により、広東駐在日本総領事が仏印進駐とその後の計画について東京に発信していたことを知った。この外交通信は現地陸軍武官からの情報とされており、「仏印占領後の次の計画は、蘭印に対する最後通告の発送である。シンガポール占領には海軍が主役を演ずる。（中略）われわれに反対する計画を援助する英米軍事力を断固として粉砕する[67]」という過激な内容であった。

この情報はアメリカ側に深刻に受け止められ、療養先のハルは「日米交渉の最中にこういうことをしたのだから、交渉を継続する基礎はなくなったと思う」[68]と感想を漏らした。このマジック情報が効いたのか、ハルは対日制裁の決定を電話で知らされ、大統領の決断を肯定するに至っている。GC&CSもこの広東―東京間の通信を解読していた。[69]

他方、七月二三日、参謀本部と軍令部は南部仏印への平和進駐（「ふ」号作戦）の実行を発令した。参謀本部が発令した大陸命第五一三号によると、進駐の目的は援蔣ルート封鎖と同時に、南方軍事基地を確保するためとなっていた。この基地とは将来的にタイや英領マレーなどへのさらなる進出のための前哨基地のことであり、少なくとも参謀本部ではさらなる南進が構想されていたものと推察される。[70]二五日には海南島三亜から輸送船団が出港、二八日午前中には先遣部隊が南部仏印のナトランに上陸した。仏印側からの抵抗はほとんどなく、陸海軍総計四万人が南部仏印に進駐し、八月八日に作戦は完了している。

こうして日本側は綿密かつ極秘に計画してきた進駐を断行したわけであるが、既に説明してきたように、このような日本側の動きに対して、米英側の対日制裁の準備も既に整っていた。

よってアメリカ、イギリスは迅速な対応を取ることになる。七月二六日にはアメリカが対日資産凍結を発令し、翌二七日、イギリスもアメリカに倣って資産凍結を実施し、さらに日英通商航海条約の破棄をも通告している。二八日には蘭印が英米に追随している。このアメリカの制裁発動は、英極東戦略にとっての一大転換点となり、また日本政府は英米の反応に大きな衝撃を受けたのであった。

その一方で、ホワイトホールはこのアメリカの動きをプロパガンダに利用することを忘れてはいなかった。二八日の『タイムズ』紙は、アメリカが宥和策を捨てたとし、「アメリカ政府は必要ならば武力を行使する用意ができている」[71]と日本に対する牽制にあたる内容の記事を掲載している。

実際にローズヴェルトがハリファクスに対して武力援助の確約をするのは一九四一年一二月になってからのことであるが、ロンドンの日本大使館はこの記事を受けて、英米蘭豪による共同防衛体制の合意は予想より早そうだ、と報告していた。[72]『機密戦争日誌』に「周到なる準備と強力なる武力の発動を後拠とする外交の成功なり」[73]と記された日本軍の南部仏印進駐は、イギリスにとってもまた「周到なる準備」によって取り扱われた問題であった。イギリスはGC&CSから事前に情報を得ていたため、日本側が意図していた「電撃的」外交に対して、一か月もの時間をかけて対処することができたのである。ホワイトホールは当初、英米による対日抑止を計画していたが、アメリカが同調しなかった結果、日本に対しては最小限の警告に留め、ハリファクスらによるより声高な警告をアメリカに向けて行なったのであった。

アメリカが七月初頭の時点でイギリスの政策に従おうとしなかった原因は、既に述べてきたように、イギリスのアメリカ巻き込みに対する疑念、英米が入手した情報とそれに対する評価の差などであった。しかしハリファクスやイーデンは、日本が南進の準備に手間取っている間、このような英米の認識の違いを調整し、コンセンサスを成立させることができたため、日本が実際に進駐してくる段階では、既に英米協調の手はずが整っていたのである。

もし松岡が予定通り七月初頭に「電撃的」進駐を行なっていたならば、英米の共同制裁が発動されたかどうかは疑問である。ただし対日資産凍結に至るアメリカの決定権は、最終的にローズヴェルトの手の内に握られており[74]、ローズヴェルトの決断にイギリスからの働きかけがどの程度作用したかを測るのは困難である。しかし少なくともハリファクスやバトラーは米国務省とのコンセンサス成立を目指し、これに成功している。

このような南部仏印問題へのイギリスの対応は、英外交戦略と情報というものがいかに密接に関わっていたかを示す一例であると言えよう。

まとめ

一九四一年を通じて英極東戦略に一貫していた命題は、イギリスには日本と激突する余力がないため、日本との戦争は避けなければならない、というものであった。この命題に照らし合わせて考えた場合、ホワイトホールは日本との戦争を起こさない範囲で対日戦略を練らねばならず、その外交戦略の幅は限られたものであった。

一九四一年に入ると、二月危機の一時期を除き、イギリスはこれといった対日政策を打ち出していない。イギリスは日本に対する積極的な抑止だけではなく、アメリカ世論を敵に回すような対日宥和もまた行なわなかったのである。これはイギリスが日本との話し合いを持つことを初めから放棄するような態度であった。同時にこれはイギリスが極東で成しうることはもはやない、といった諦めの政策でもあり、イギリスは日本の外交を読みつつアメリカに働きかける、という間接的な極東戦略しかとり得ないような状況に陥っていたのである。このように一九四一年に入って英極東戦略が手詰まりの状況になっていた中で、GC&CSの役割がいっそう重要になってきたのである。

GC&CSがもたらしたBJ情報の重要性は、一時的に情報が得られなかった二月の極東危機と、一貫して情報を得ていた七月の南部仏印問題を比較してみると分かりやすい。二月危機の際は、極東英軍やクレイギーは日本との戦争が不可避であると報告し[75]、ハリファクスやイーデンは懸命に対日警告を行なう一方、ローズヴェルトやその側近のホプキンスに対英協力を要求していたのである[76]。日本に対しては強気なチャーチルですら最悪の事態を覚悟していたほどであった。

他方、七月の南部仏印問題に際してイギリスは、日本の南進の意図についてGC&CSから情報を得ていたため事前に策を練る余裕が十分にあり、ホワイトホールは対日警告を最小限に留め、アメリカとの意見調整に力を注いだのであった。英極東戦略の課題がアメリカの対英支援の確約を得るまでの時間を稼ぐことであったことを考えると、BJ情報によってもたらされる日本側の意図は必要不可欠なものであった。イギリスは情報を得ることによって時間を得たのである。

特に七月初頭からの一か月の時間は、英米の合意に不可欠なものであったと言える。秘密情報のみによって当時の国際関係の趨勢が影響を受けると考えるのは賢明ではないが、少なくとも七月に極東で起こった事例を検証することによって、英極東戦略における情報部の役割が浮かび上がってきたと言えよう。

一九四〇年末から具体化してきた英米の提携は、情報の分野から徐々に進んでおり、また戦略の分野でも話し合いが持たれつつあった。イギリスにとってこれらの提携は、一九四一年以前に比べると格段の進歩であった。そして一九四一年の半ばにもなれば、極東における英米提携への障害はほぼ取り除かれていたと考えられる。従ってこれら諸条件を考慮すると、イギリスの南部仏印問題に対する姿勢は比較的冷静なものであった。

イギリス極東戦略にとって二月の出来事は「危機」であり、七月の出来事は「転機」であったと言うこともできよう。チャーチルやイーデンは南部仏印問題を契機にして、極東における日英対立を英米対日本という構図に持っていこうと画策した。そのためにイギリスはアメリカとの協調を重視し、迅速にアメリカの対日制裁に追随したのであった。

一九四一年を通して極東におけるイギリスの危機感は、日本そのものというよりは単独対日戦に対する懸念から生じていたため、そのような状況を改善できればそれでよかったのである。従って南部仏印問題を機に、アメリカが日本の前面に立つことになったため、極東における英外交戦略の目的はほぼ達成されたと言えよう。日本対米英という構図が出来上がれば、極東における不確定要素は減少し、後は日本との対決に向かって進んでいくだけであった。

そして一九四一年七月の極東情勢を考慮する際、英極東外交戦略の転換を可能にしたＢＪ情報の重要性を無視することはできない。ホワイトホールはＧＣ＆ＣＳから得た情報を、対日、対米政策に利用することができたのである。このような情報と外交戦略の連携は、南部仏印問題に際して有効に働いたのであった。

第八章

イギリス外交の硬直化と戦争への道

チャーチル英首相とイーデン英外相（写真提供：毎日新聞社）

一　対日経済制裁から大西洋憲章へ

対決へのカウントダウン

イギリスの対日経済制裁は、日英関係を決定的に悪化させた。少なくともイギリス側にはそのような認識があったのである。これは前述したように、イギリスが対日関係を犠牲にしてもアメリカの極東問題への介入を推し進めた結果であった。従ってアメリカの対日制裁発動によって、イギリスの極東政策はほとんどその目的を果たしたと考えてよい。あとはアメリカが後退しないように、ひたすらアメリカの背中を押し続ければ良かったのである。

そしてイギリスの対日政策の焦点は、日本のさらなる南進をいかに抑止するのかということにあり、特に日本のタイへの浸透を防ぐことにあった。既にイギリスは経済面で日本に対する締め付けを行なったため、次はいかにして日本を政治的に封じ込めるかであった。さらにイギリスは日本がタイに侵攻してくると判断しており、その帰結は英米による大西洋憲章と、八月二四日のチャーチル首相のラジオ演説として形になる。この演説でチャーチルは、英米が日本との戦争を厭わないことを明言し、日本の南進が戦争を招くことを警告したのである。このチャーチルの対日警告は、日本側でそれほど深刻に受け止められたわけではなかったが、ホワイトホールではこれを対日政策の重要な岐路として捉えていた。従ってこの節ではまず、チャーチルの対日警告に至る背景を探っていく。

　このようなホワイトホールの対日強硬策に対して、東京のクレイギー駐日英大使は松岡外相の解任によって日本外交の基軸が枢軸一辺倒から中道路線に戻りだすと報告しており[1]、日英関係の改善を提唱していた。クレイギーは豊田外相や重光駐英大使といった親英米派に望みを託していたのだが、ホワイトホールはクレイギーの提案を却下している。そして一〇月一八日の東条内閣の成立によって、このようなクレイギーの望みもほとんど断たれることになった。クレイギーから見れば、松岡の退陣から東条内閣成立までの数か月間が、日英関係を改善する最後のチャンスであった。

　このようなホワイトホールのクレイギーに対する冷淡さを説明することは、それほど困難ではない。イギリスから見れば、対日関係の主導権は当然アメリカにあった。よってイギリスがアメリカを差し置いて対日関係を改善できるはずもなく、もし日英関係が好転するとすれば、それは日米関係改善の後に考慮されるべき事項であったのである。いずれにせよイギリスはアメリカの対日有和を良しとしなかったため、日英関係の改善も最初から望み薄であったであろう。この時期のイギリスの対日外交は硬直しつつあった。

　一〇月の東条内閣成立そのものはイギリスの対日政策に変更を迫るものではない。なぜならイギリスは既に政治、経済面において対日強硬路線をとっていたからである。従って一〇月以降、イギリスが検討しなければならなかったのは、残された最後の領域、すなわち軍事戦略の問題であった。もはや英極東戦略はアメリカの出方を窺いながらのタイ、マレー防衛に収斂されつつあったと言える。今やインテリジェンスは日本との対決をカウントダウンするために使われようとしていた。

対日石油禁輸

英米政府から対日資産凍結が宣言されたにもかかわらず、その政策の意味するものはしばらくの間、日本のみならず英米の担当者にすら明確に意識されていなかった。これは対日経済制裁に関する事前の討議が十分にされてこなかったことが原因であり、ホワイトホールは八月中、その政策の政治、経済的効果を熟慮しなくてはならなかった。

新聞報道も曖昧な情報を流すことになり、七月二九日の『タイムズ』紙は「対日完全禁輸措置が準備された」[2]と見出しを付け、アメリカの『ニューヨーク・タイムズ』紙においても「石油輸出と生糸輸入の停止」[3]という文字が躍ったのである。対日資産凍結が宣言された時点では、ローズヴェルト、チャーチルも対日禁輸、特に対日石油禁輸を意図していたわけではなく、厳密に言えばそれは石油のライセンス輸出への移行であった。この件では日本の新聞の方が状況を把握しており、「対日石油輸出は削減」と見出しを付けている。[4]

この対日石油輸出の問題に関しては、あまり詳細なデータを使用した研究がなく厳密な著述は難しいが、英戦時経済省のデータに拠れば、一九四一年一月から六月まで日本はアメリカから一三〇万トン、蘭印から六六万トンの石油を輸入している（当時日本が一年間に必要とした石油量は、三五〇〜四〇〇〇万トンであったと言われている。アメリカはこれを一九三五年当時の年間二〇〇〇万トン前後に制限しようとしていた）。[5] それをアメリカは月ごとの許可制に移行しており、アメリカから日本に月二八万トン、蘭印からは月一五万トンにしたわけである。[6] この数値を考慮すれば、一般にアメリカの対日石油禁輸と呼ばれるものはそれほど過酷なものではない。ローズヴェルトは当初このような緩やかな制裁を念頭に置いていたのである。従って文面上の解釈では日本はまだアメリカ、蘭印から石油を輸入することが可能であった。

しかし英米両首脳とも、この時期大西洋会談に出かけていたので、後の処置はワシントン、ロンドンの担当者らの手に委ねられることになってしまったのである。ウェルズ国務長官代理はカドガン英外務事務次官に対して「原油輸出許可を日本に与えるつもりはない」[7]と語っており、ヘンリー・モーゲンソー財務長官も日本への石油輸出を許可しなかったため、[8] 結局は対日石油禁輸となってしまったのが実情であった。最も考慮されていた石油がこのような有様であったから、他の戦略物資もアメリカ、英帝国、蘭印から日本に輸出されることはなく、状況は全面的な対日禁輸の様相を呈してしまったのである。英下院において対日経済制裁の内実が議論され、次のような結論が導き出された。

「最初の想定では、明確に禁止されていない物資に関しては、日本への輸出が可能だったはずである。ところが実情は逆で、一旦資産凍結が施行されると、明確に許可されているものしか輸出できないことが明らかになった。（中略）資産凍結は、厳格に適用されることとなってしまったのだ[9]」

何ともいい加減な話ではあるが、恐らく原因はアメリカの出方を窺いつつ対日経済制裁の文面を曖昧に作成したために、幅広い解釈が可能になってしまったことだろう。

結局八月一四日までには全面的対日禁輸が施行されてしまった。この点に関しては、担当部局を多数抱えていた戦時経済省が最も敏感であり、戦時経済省次官フレデリック・リース＝ロスは外務省のベネット極東部長に対して以下のように書き送っている。

「対日資産凍結と対日禁輸措置は、間違いなく我々と日本との間に戦争を招くだろう。もしそのような準備があるならそれで構わないが、極東委員会においてそのような準備ができているとは聞いたことがない。（中略）そもそもの問題は、資産凍結が対日禁輸を意味するという新聞の報道にあるわけで、まずは我々の明確な意図を新聞各紙に訴える必要性があろう[10]」

ＢＪ情報によっても、対日経済制裁が日本との対決を招くことは明確に認識されていたはずである。しかしその後、イギリス政府は各紙に経済制裁についての内容を変更するよう要請した様子はなく、日本との対決ムードはそのまま放置されてしまった。この時、外務省極東部のクラークはイギリスの対日政策として、「我々にできることは、対日石油禁輸を含む日本に対する経済的な締め付けを強化することだ[11]」と書き残している。

アメリカの歴史家ハーバート・ファイスの記述に拠れば、対日経済制裁発動に関して、「英国は何事が起こってもよい用意があるかに思われた[12]」のである。このような英外務省の態度は、対日石油禁輸を境にイギリスがそれまでの日本に対する曖昧な態度から対日強硬路線に移行したことを意味していたのであった。

他方、日本から見ればイギリスの対応はかなり厳しいものであり、豊田外相はクレイギー大使に日本の南進は資源のためであって、イギリスと対立するためのものではない、と弁明している。しかしBJ情報に拠れば、日本はドイツに対して以下のように説明していた。

「日本政府は南部仏印に地歩を固めることになった。仏印への進駐は英米に対してより一層の圧力をかけることになるだろう[13]」

イギリスはこのような日本側の矛盾する言動を見て取っていたため、外務省政治情報部（ＰＩＤ）も「ドイツに伝えたことと全く異なる話ではないか！[14]」と感想を残している。もはやイギリスは日本側の言葉を額面通りに受け取らなくなっていたのである。そしてこのような態度は、日米交渉を行なっていたアメリカにとっても顕著なものであった。今や日本の外交は信頼を失いつつあった。

経済対立から政治的対決へ

前述の七月二三日に解読された東京からバンコクへの通信は、日本のタイへの関心を示しており、[15]日本の次の目標がタイの掌握にあることは明白であった。仏印と異なり、タイ領内のクラ地峡は英領マレー防衛の要であったため、タイが日本の手に落ちればマレーとシンガポールの防衛は極めて困難になるのである。この時PIDは、「日本がタイに同国領内の基地使用権を要求するのは時間の問題である」と警告を発していた。[16]

従って日本がタイに侵攻した場合、イギリスは対日戦に訴えざるを得なかったが、英参謀本部の方針は未だ対日避戦にあった。しかもイギリスとタイは一九四〇年八月に不可侵条約を批准していたため、英軍は日本が侵攻してくるまでタイに侵入できなかったのである。このようなイギリスの戦略上のジレンマを回避するには外交によって日本を抑止するしかなかったが、イギリスの単独行動は常に日本との戦争を招く危険性があった。

七月二六日、バンコクのクロスビー英公使は、タイ首相ピブンとの会談の内容をロンドンに報告している。「首相は日本からの圧力が増していることに懸念を持っている。（中略）首相の様子から日本側の要求は深刻であるようだが、イギリスはどうすることもできないし、アメリカは何もやらないだろう」[17]。このようなクロスビーの報告は、タイに対する英米の立場を良く認識したものであった。実際、イギリスはタイを守るために何もできないし、アメリカにはタイを守る意図がなかったのである。

クロスビーの報告を受けて極東委員会は、「我々がタイを守るためにできることはほとんどない」としながらも、何らかの対抗策を打ち出さなければならなかった。それらは英米によるタイ領土の共同保障、タイへの軍事的コミットメントの約束、などであったが[18]、やはりこれらの政策実行の鍵はアメリカにあった。

ベネットはワシントンのハリファクス大使に「さまざまな情報によって、日本のタイへの侵攻が迫っていることは明らかである」[19]と伝え、また「タイ情勢を打開する最も効果的な手段は、日本のタイ侵攻が英米の行動を招くということを日本側に認識させることなのである」[20]とアメリカ側の行動を促そうとしていた。ハリファクスがウェルズを訪れてタイ情勢の緊迫化を訴えると、ウェルズは日本に対してタイの中立化を提案したことをハリファクスに伝えたのであった。[21]

また七月二七日、ローズヴェルト大統領はフィリピンが米陸海軍の指揮領域に入ったことを宣言し、これに乗じてイギリスも英領マレーを特別防衛地域に指定している。[22]このような英米の同時行動は、英米の協調性を誇示する政治的意味合いが大きかった。

そしてアメリカに働きかける一方で、イギリス単独でも何らかの戦略を打ち出すべきかが検討されていた。八月二日の合同情報委員会（ＪＩＣ）は、「日本はタイへの侵攻を目論んでおり、その目的はクラ地峡の掌握である。現在の好機に接し、日本は近々タイに侵攻するであろうが、そのような行動は突然、迅速にやってくるはずで、我々にはほとんど時間的猶予が与えられない」[23]と結論付けた。

このJICの結論を基に参謀本部も対策を練り、日本との戦争はできる限り避けるべきであるが、軍事的観点から見れば日本がクラ地峡を確保する前に、英軍が同地を掌握しなければならない、と考えていた。[24]これは日本が侵攻してくる前にタイとの不可侵条約を破って英軍をタイ領内に進める計画であり、作戦名「マタドール」として知られている。[25]

このように、日本軍がタイに侵攻すればイギリスはマレー防衛のためにそれを実力で阻止しなければならなくなるため、何としても日本のタイへの侵入を抑止しなければならなかった。ワシントンにおいてハル国務長官はハリファクス英大使に対して明言を避けていたが、八月七日の『ニューズ・クロニクル』紙上でハルは「日本のタイ及び東南アジア海域進出の意図は、アメリカにとっても重大事項である」[26]と漏らしている。

イギリスがこのような情報を見逃すはずもなく、早速、極東委員会はハルがタイを中国と同じように扱うつもりであると判断し、[27]イーデンもハルの発言を受けて、アメリカがタイ情勢に関心を持ちつつあると考えていた。イーデンは参謀本部会議において「もし日本がタイに侵攻した場合、我々が対日戦に踏み切ると警告しなければならない」[28]と発言している。

しかし実際に日本側ではタイ侵攻どころか、その計画すらも定まっていなかった。八月一三日に日本外務省が作成した対タイ施策概案によれば、タイの領土主権の尊重、不侵略、軍事上の要求不提出を明言していたし、一六日の連絡会議においても海軍は陸軍の主張とは裏腹に、タイの中立保障を訴えていた[29]。さすがにこの時点で日本側はイギリスとの戦争が日英米戦争を招くと考えるようになっていたのである。実際に日英戦争が勃発する際にアメリカが参戦するかどうかは微妙な情勢ではあったが、イギリスの数々の策――時間稼ぎと英米不可分の誇示――がようやく効いてきたとも考えられる。そして皮肉なことに日本外務省、海軍ともイギリスとの外交交渉に期待していたのである。

従ってこの段階において奇妙な状況が生じていた。日本のタイに対する消極的な政策に対して、イギリスは前述のように、日本がタイへの侵攻を目論んでいると判断しており、日本の脅威を過度に捉えていた。これはホワイトホールが対日経済制裁によって日英の関係悪化が決定的になると考えていたために、既に交渉の余地がないと判断していたことが大きかったと考えられる。よって日本はまだ対英米戦争を覚悟するには至らなかったが、イギリス側では対日戦争は不可避であると捉えられていたのである。

このように日本のタイ政策が明確になっていない時点で、ホワイトホールは日本に侵略の意図ありとして対処法を熟慮しており、さらなる時間稼ぎの策として英外務省は対日警告を計画することになった。英外務省は、「日本軍のタイへの侵入は、我々と日本の間に戦争を招くような状況を導くであろう[30]」という草案を準備していたが、実際にイギリス政府がこれを宣言するべきかが問題であった。

外務事務次官補のオルム・サージェントが、「アメリカが日本やドイツに対して何かをするという確約のない状況で、我々が自発的に対日警告を行なうのは好ましくない[31]」と主張しているように、このような対日警告はイギリス単独よりもアメリカと共同で行なうことが効果的で、リスクも軽減されることになるため、九日からの大西洋会談でチャーチルからローズヴェルトに対日警告を要請するのが自然な流れであっただろう。

クレメント・アトリー副首相は大西洋会談に出かけるチャーチルにアメリカから対日警告を引き出すことを要請し、ミンギスMI6長官もタイの陥落がシンガポールにとって深刻な脅威となることを伝えた。[32] このようなイギリス側の事情から、大西洋会談においてチャーチルはローズヴェルトに対日警告の必要性を強く訴えたのである。

大西洋会談

八月九日、チャーチルはアメリカ、ニューファンドランドのプラセンシア湾でローズヴェルトと直接会談する機会に恵まれた。二人は数年にわたって文通を続けていたが、直接会うのはこれが初めてであった。二人は早速一九四一年以降の世界戦略について熱心に話し合い、一四日には有名な大西洋憲章の共同宣言が発表されている。[33]

チャーチルはこの会談で極東におけるアメリカの対英支援を取り付けたかったのだが、ローズヴェルトはチャーチルに対し具体的な言明を避けている。[34] 大西洋憲章そのものはウィルソン国際主義の踏襲であり、当時の世論にそれほどの反響を引き起こしたものではなく、宣言には結局対日警告も盛り込まれなかったが、英米の協力体制を世界に向けて誇示したという意味でその効果は大きかった。

この時、カドガン外務事務次官もウェルズ国務次官と話す機会を得ている。ウェルズは、「共同宣言は日本に衝撃を与えるだろう[36]」と書き残している。

そしてチャーチルの要請に対して、ローズヴェルトは以下の文面で対日警告の約束をしたのであった。

「南西、北西太平洋におけるこれ以上の日本の進出に対しては、たとえ日米間に戦争が勃発しようとも、合衆国政府は対抗措置をとらざるを得ない[37]」

また会談の中でローズヴェルトはチャーチルに日米会談の進展を直接伝えており、日本側から近衛―ローズヴェルト会談の提案があったことや、ローズヴェルトが仏印とタイの中立化を日本に提案したことを内密に伝えている。もちろんローズヴェルトは本気で中立化が可能であると考えていたわけではないが、チャーチルはこの中立化案を、アメリカがイギリスの極東戦略のために時間稼ぎをしてくれている、と捉えていた[38]。

すなわちイギリスから見れば、極東においてもアメリカがイギリスと共同歩調をとろうとしていることは明らかであり、たとえアメリカの対日参戦確約がなかったとしても、アメリカは有事になればイギリスを助けるだろう、というチャーチルの考えは、あながち独り善がりのものであったとは言えないのである[39]。従って大西洋会談は、日本に対しては英米不可分というプレッシャーを与える一方、イギリスにも極東における英米協力がほぼ確立したというようなイメージを与えたのであった。

しかし大西洋会談が終わると、ローズヴェルトの対日政策は急にトーンダウンしてしまう。一七日の野村大使との会談で、ローズヴェルトは対日警告を発するものの、近衛―ローズヴェルト首脳会談の参加には前向きであるような態度であった。[40] しかもその警告の内容も以下のように訂正されていた。

「もし日本が近隣諸国に対するこれ以上の武力支配を続けるならば、合衆国政府はその安全と利益のために必要なすべての手段をとるであろう[41]」

このような対日警告文は日本側ではほとんど無視される有様であった。なぜならワシントンの野村大使はこの対日警告文を東京に報告する際にかなり楽観的な見解を送っており、そのため東京でもこの文面は真剣に考慮されていなかったのである。[42] 恐らくローズヴェルトは対日抑止よりも時間稼ぎに重きを置いてこの警告を発したために、日本側に楽観的な印象を与えることになってしまったのだろう。

東京の楽観的態度とは対照的に、ロンドンにおいてはこの対日警告の内容が真剣に考慮されていた。ベネットは、「これではタイも蘭印も含まれていないのではないか。（中略）しかもアメリカは自衛のためにしか行動しないようにも受け取れる[43]」と落胆したのであった。

これを受けてイーデン外相もアメリカ側のトーンダウンに戸惑いを表すことになる。[44]

しかもBJ情報はタイの状況が悪化しつつあることを示唆していた。日本はタイに満州国を承認させようとし、また天然ゴムや錫の買収権も日本が優遇されるように圧力をかけていたのである。BJ情報の中でピブン首相は、「我々はイギリスとの関係を悪化させながら、日本に対しては最大限の便宜をはかっている。（中略）我々は日本を助けているのだ」[45]と漏らしていた。またピブンは二二日のクロスビー英大使との会談で、タイ政府が日本からの圧力に対して屈服寸前であることを伝え、一刻も早い英米の援助を願い出ていた。[46]

PIDは、タイが政治的、経済的にも日本の圧力に屈しつつあり、またアメリカがタイ問題になかなかコミットしたがらないことを挙げて警鐘を鳴らしていた。[47]二一日のPIDレポートは以下のように述べている。

「ワシントンは未だに日本がタイで行動を起こさないと思っているように見える。（中略）大統領は日本に警告を発したようであるが、それは日本が行動を控えれば日本との和平に応じるような内容のものであった。にもかかわらずアメリカは中国問題解決の件で日本に同意しているわけでもない。日本ではこのようなアメリカの態度に幻想を抱くものもいる」[48]

後知恵になるが、確かにローズヴェルトの対日警告はわかり難く、まるで日本が現状を維持することが可能なようにも受け取れる。従って近衛らがローズヴェルトとの直接会談に期待したのも無理はないだろう。

今やアメリカをめぐる日英関係は、一方が得をすれば一方が損をする、ゼロサムゲームの様相を呈していた。日本がローズヴェルトの回答に期待を持った一方、イギリスはタイ情勢のこともあり、アメリカの消極的な姿勢に疑問を抱くことになる。

そこで英外務省はローズヴェルトによるタイと仏印の中立化案をマスコミにリークし、アメリカの曖昧な姿勢に牽制を加えることとなった。この新聞記事のお蔭で、ローズヴェルトの対日接近が困難になったことは想像に難くない。[49]時間稼ぎを主眼に置くアメリカと異なり、帝国の命運がかかっているイギリスにとって対日警告は死活問題であったため、ホワイトホールはさらなる手を打つことになる。

それは八月二四日のチャーチルによるラジオ演説であった。

「日本はタイとシンガポールを威嚇し、さらにフィリピンにも向かいつつあるが、これらは明らかに阻止されなければならない。平和的解決のためにあらゆる努力が払われるであろう。（中略）我々は（日米）交渉が上手く進展することを祈っているが、もしそのような期待が打ち砕かれた場合、我々はためらいなくアメリカの側に立つことになる[50]」

日米交渉の決裂が戦争に発展することは容易に想像できたため、イギリスが日本との対決を厭わないことを初めて明言したこのチャーチルの演説は、いわば事実上の最後通告であった。[51] このようなチャーチルの強気な発言の背景には、大西洋会談で英米間の対日参戦に関する秘密協定があったと推測されることがあるが、[52] 今のところそのような協定の存在は確認されていない。むしろこの対日警告の狙いは、日本に対する牽制と同時に、アメリカの消極姿勢に対する梃《てこ》入れ、すなわち極東において英米が後に引く意図はないことを示すものであった。

ただしこのようなチャーチル演説の裏には、八月二三日のＢＪ情報の影響も考えられる。ＧＣ＆ＣＳが傍受した情報に拠れば、ベルリンではヨーゼフ・ディートリッヒ独親衛隊中将が大島駐独大使に対して、ヒトラーが日米戦争の際には対米宣戦布告を行なう意図があるということを伝えていた。[53] 従来の研究に拠れば、ヒトラーが対米宣戦布告を決意したのは一九四一年一一月二八日前後であり、[54] ディートリッヒの発言は日本を対英戦に踏み切らせるドイツ側のプロットであったかもしれないが、少なくともこのＢＪ情報は最重要情報として処理されている。

ＧＣ＆ＣＳにおいては重要な情報ほど、多数の部局に配布するのが普通である。最重要のＢＪ情報はデニストンＧＣ＆ＣＳ長官に三通、外務省に三通配布されることになっており、このＢＪ情報もそうであったことから、ＧＣ＆ＣＳはこの情報を相当重視したはずである。またこれに目を通したチャーチルは、ミンギスに対してローズヴェルトにこの秘密情報を知らせるよう念を押していた。[55] この情報は日米戦争を米独戦争にリンクできることを示唆していた。イギリスから見た場合、日英戦争の勃発によってアメリカの対日戦を促すことができれば、アメリカの対独戦も現実のものとなるため、このBJ情報がチャーチルらに与えた心理的な影響も無視できないだろう。

一方、日本の各新聞はこのチャーチル演説を大きく報道したが、政府は予定されていた近衛―ローズヴェルト会談の準備に追われており、チャーチルの真意を検討している余裕はなかったようである。[56] また前に述べたように、極東情勢に対する日英間の温度差は明らかであり、日本側の注意はむしろ首脳会談の予定がチャーチルに伝わっていた、という機密漏洩の方にあった。[57]

インテリジェンスの観点からチャーチルの対日警告に至る背景を探っていくと、英インテリジェンスは日本のタイに対する思惑を過大評価し、アメリカが極東に介入する可能性を過小評価したようである。そのために政策決定の段階においても日本に対して先手を打つ必要性に迫られ、最終的にはチャーチルの対日最後通告的な強硬策がとられたのであった。そして対日経済制裁とチャーチルの対日警告によって、イギリスの極東政策は、日本に政策の転換か戦争かを迫る強硬なものになったのである。もはや英外務省は日本に妥協するつもりはなく、ワシントンでの日米交渉を傍観するに至ったが、そもそもホワイトホールでは日米交渉が上手く妥結するとは考えられていなかった。こうしてイギリスは政治、経済面において非妥協的な対日政策をとることになったのである。

二　イギリス外務省の対日強硬策

イギリスの最後通告

九月三日、東京のクレイギー駐日英大使は豊田外相の発言として、日本が仏印を越えてタイに侵攻する意図はないこと、ソ連との中立条約を遵守することを報告していた[58]。言い換えれば日本はこれ以上の南進も北進もないと明言したことになる。豊田の外交方針は軍部との軋轢を招かないように、表面上は松岡の路線を継承しつつ実質では松岡路線を骨抜きにしていくものであったと言われているが[59]、このようなやり方はイギリスにとって理解し難いものであった。

そもそもこのような日本外交の政策決定も今に始まったことではない。日本外交は組織の論理、すなわち陸軍、海軍、及び外務省の妥協の産物であったため、どこに日本の真意があるのかわかり難かった。そしてイギリスが解読していたのはその内の外務省のものだけだったから、イギリスはBJ情報から得られるものが日本の外交的意図であると捉えていたのである。

八月一五日、豊田は日本の対ソ戦決断を迫るオット駐日独大使に対して「対ソ政策実行のためには三国同盟の精神を尊重していく。（中略）要約すれば、同盟は準備が整うまでソ連を監視し続けることにある」[60]と伝えており、この通信はGC&CSに傍受、解読されている。クレイギーの報告と、BJ情報において豊田が主張していることは明らかに異なっており、ベネット外務省極東部長もこの点を指摘して、「クレイギーが伝えてきた日本の（中立条約遵守の）意図は、秘密情報（BJ情報）によってその価値を減じざるを得ない」[61]と書き残している。

イギリスから見ればこのような豊田の二枚舌的言動は、豊田の外交と松岡のそれとに大きな差があるようには映らないものであった。このように日本の方針が根本から変わらない以上、イギリスとしては対日政策に変更を加える気はなかった。外務省極東部としては、日本の狙いが日米交渉による英米の分断にあると考えていたため、英米が団結していくことが唯一の解決策であったのである。[62]

ワシントンのハル国務長官はキャンベル駐米英参事官に対して、「近衛首相はアメリカとの関係改善を切に望んでいるようであるが、彼が政府内の強硬派を統率していけるとは思えない。従ってこのような首相の言葉は実行を伴わない」[63]と伝えており、イギリスから見れば日米交渉妥結の可能性はほとんどなかった。

ベネットはこの時点で、極東における日英の立場はイギリス優位に傾き始めたと考えていた。その理由は、日本は未だ中国大陸で持久戦を強いられており、枢軸同盟国とは軍事的に切り離されているが、その反面、英米蘭の結束は強まりつつある、というものであった。[64]またワシントンの日米交渉は日米双方の時間稼ぎの手段であり、日本にとっては独ソ戦の帰趨を見極めるために時間は重要であったが、その一方で、経済制裁によって日本の立場が苦しくなっていくことは明白であった。このような状況の下、英外務省はますます日本との対決姿勢を強めていくのであった。

イーデン外相はイギリスの取るべき道を以下のように示し、チャーチル首相の同意を得ている。

「日本がためらっているのは明らかだ。今や英帝国、ソ連、アメリカ、中国、蘭印はこの不当に高く評価された軍事力との対決を迎えている。（中略）日本への経済制裁はより厳格に適応されるべきであろう。（中略）我々はクレイギーからの報告（豊田外相が英米との関係改善を望んでいるという内容）を検討しているが、これ以上日本に歩み寄る必要はなく、それは重光経由でも同じことだ。（中略）もはや我々が日本に対して行なうことはなく、力を示す時が来た。数か月以内に我々の艦隊が極東に派遣されれば、日本はその影響力を実感することになるであろう[65]」

英海軍の誇る二隻の戦艦、「プリンス・オブ・ウェールズ」と「レパルス」が、シンガポールへ派遣されるまでのプロセスは未だに詳しく解明されていないが、少なくとも上記のような雰囲気の下で強硬に派遣が決定されたことは想像に難くない。さらに言えば、この決定はアメリカによるフィリピンのクラーク基地へのB－17重爆撃機の配備に追随したものであり、英米が共同して対日封じ込めの部隊を極東に派遣するという意味合いを持った。英海軍はこの戦略的に意味のない艦隊派遣には大反対であったが、チャーチルやイーデンはこの二隻の戦艦に政治的な意味を見出していたのである。すなわちこれには日本に対する抑止に加えて、オーストラリアやニュージーランドなど、日本の行動に懸念を示す英自治領に対するアピールの意味があった。[66]

九月一二日、チャーチルは四月に松岡宛に書いた書簡（一一九頁参照）をもう一度豊田宛に送り、これを日本に対する最終的な警告とした。すなわちチャーチルのラジオ演説とこの書簡は、イギリスの日本に対する最後通告に等しいものであったのである。そして一八日の閣議ではこれ以上の日本に対する警告は行なわないことを決定している。[67]

政策の優位とクレイギーの孤立

英外務省の推測通り、日本は外交的に追い込まれていた。この時点で日米会談が上手く妥結する見込みはほとんどなくなっており、近衛―ローズヴェルト会談の計画も頓挫していた。そして九月六日の御前会議では、対米英蘭戦争の方針が国策として認められていたのである。このような状況を打開するため、六月に帰国していた重光はクレイギーと密かに会って日本が三国同盟から離脱する努力をしていることを訴えていた。重光は、天皇が外交に関心を持っていること、日本政府内でも穏健派が復権しつつあることなどを理由に、日英間の関係改善が可能であると主張していた。[68] またクレイギーはグルー駐日米大使からの情報を基に、近衛内閣は日米交渉の妥結を真に願っており、今こそ日本との関係を修復すべきであると報告していた。[69] さらにBJ情報においても、豊田は近衛─ローズヴェルト会談によって日米関係の改善を望んでいたのである。[70]

しかし前述のようにPIDは既に豊田の外交に対して見切りをつけており、「(豊田)提督の対英宥和的な発言は、日本が現在行なっている南進政策と根本的に相反しており、松岡前外相のやっていたことの繰り返しにすぎない」[71] と断定していた。また外務省極東部としても日本に妥協する気はなく、上記のような情報はあまり考慮されなくなっていた。ベネットは、日米交渉が妥結するために日本はまず蒋介石を納得させなければならないが、そのような兆候はなく、中国の参加なしにアメリカが交渉を妥結させることは不可能である、と考えていた。[72] このようなベネットの予測やPIDの分析は、イーデンからクレイギーへの訓電に現れる。

「今はまだ日本に対して歩み寄る機会ではない。我々の情報も確かに日本が一時的に妥協しようとしていることを示しているが、日本が長期的な方針を変更する保証はない。(中略)日本はまず我々に対して、政策を変える用意がある具体的な証拠を提示しなければならないのである。(中略)従って日本に対して甘い顔をしてはならないし、非妥協的な態度で接するべきである[73]」

クレイギーはこのようなロンドンからの指示に対して不快感を示し、もう少し柔軟に日本に接するように訴えた。しかしまたもやクレイギーの意見は反駁される。外務省のP・D・バトラーの意見は次のようなものであった。

「今の日本の状況から言って、政府内の穏健派が主導権を取り戻すことなど考えられない。（中略）（外交交渉に関しても）日本は一般論では譲歩するような言い方をするが、具体的にそれを実行する段になると、たちまち動けなくなってしまうのである。（中略）日米交渉は今山場を迎えており、我々のできることはそれを注意深く見守ることだけなのである[74]」

もはやこの段階において英外務省は、日本との対決を厭わない姿勢であった。本音を言えば日本との戦争は可能な限り回避したかったが、アメリカの介入が濃厚になりつつある中で、避戦への固執は以前ほどではなくなっていたのである。

このような外務省の姿勢は、戦略的判断からも強まりつつあった。ワシントンの英米合同参謀会議の報告は、「アメリカはまだマニラへの海軍増強を明言していないが、イギリスがシンガポールに艦隊を増援すればアメリカも増援を送る可能性が出てきた[75]」と将来的にアメリカの軍事的コミットメントが強まる見通しを示唆していたのである。

ホワイトホール全体では、大蔵省、軍部が日本との対決に及び腰であったが、対日宥和派の大蔵省はホワイトホールの極東政策において疎外されており、そもそも政策の判断材料となるBJ情報やその他の情報を提供されていなかった。

また外務省は政治、経済面において対日強硬策がとられているのに対して、軍事戦略が控え目であることに不満を覚えていた。報告の度に対日避戦を主張する軍部に対し、R・A・バトラーの跡を継いだリチャード・ロウ外務政務次官は以下のような不満を漏らしている。

「参謀本部が考え直さなければならないことは、彼らが何をしたいのかではなく、日本が行動を起こした際に何をしなければならないのか、である。参謀本部がこのような観点から状況を検討していないことは明らかであろう[76]」

今や外務省はホワイトホールで最も対外情報を収集、分析できる組織であり、それ故に極東政策においても外務省の影響力は大きかった。

また戦時内閣、特にチャーチルやイーデンの対日強硬策には、BJ情報も影響していたと考えられる。チャーチルは一九四一年八月から毎日BJ情報に目を通すようになっていた。それまでもチャーチルはBJ情報を読んでいたが、定期的な閲覧ではなかったのである。この時期GC&CSはまだドイツのエニグマ暗号を完全に破っていたわけではなかったので、チャーチルに届けられるBJ情報は日本関連のものが多かった[77]。

しかしこのように政治家が大量の一次情報を集め始めると、情報組織からの提言よりも自分で消化した一次情報による分析が勝ってくるといった問題が生じる。さらにチャーチルやイーデンは元来対日強硬派であったから、このような性質は自ら選別した情報によって増幅されていったのである。一般に政策決定者が情報を選別し始めると、どうしても自らのイメージに沿うような情報を抽出しがちになるという弊害が生ずると言えよう。前述のように幾つかの情報は日本が英米との関係改善を望んでいることを示唆していたが[78]、既に英外務省や戦時内閣にとって日本との関係改善は現実的な路線とは映らなかったのである。

またイギリスの世界戦略的な観点から言って、アメリカの参戦を確実なものにするためには、極東では日本との対立を固定化することが今や最善であった。すなわち多くの情報を持ち、世界的な観点から極東政策を検討していた外務省と内閣の下した決断は、極東においては日本との関係を犠牲にしてもアメリカをけしかけ追随する、というものであった。このような硬直化した対日政策は、もはやインテリジェンスによる指針を必要としなくなりつつあった。チャーチルやイーデンは、自分達の目的に合わせて情報を評価すれば良かったのである。

この時期のイギリス外交に対して、後にクレイギーが以下のように批判している。

「アメリカの対日政策は硬直しており、柔軟性に欠けているのは明らかだった。それでも英国政府はアメリカに追随したのである。特に一九四一年の夏以降は慎重な対日政策が求められたのにそれは行なわれなかった。（中略）英国政府は日米の間に立って摩擦を和らげるよう努力すべきだった[79]……」

チャーチルやイーデンはこのようなクレイギーの文章を読んで、怒りを露わにしたのであった。クレイギーは有能な外交官であったが、前述のようにBJ情報を始めとする秘密情報にアクセスする権限を持たず、また世界的な観点からイギリスの戦略を俯瞰していなかった。クレイギーの主眼は日英関係の改善にあり、それは駐日大使ならば当然の方針であったが、クレイギーは元々チャーチルの前任者であるチェンバレン内閣に任命された大使であり、チャーチルとの折り合いも悪かったのである。従ってこのようなクレイギーの意見はホワイトホールにおいては軽視される運命にあった[80]。

他方、ロンドンにおいては、六月にチャーチルやイーデンが最も信頼していた重光大使が帰国してしまったことで、日英間の微妙な意見調整ができなくなっていたのである。重光のいなくなった在英日本大使館は東京にイギリス政府の対応を報告している。

「日本に関するどのような提案も理不尽な理由で却下されてしまう。英政府の態度は日本に否定的で、関係を改善しようとする積極的な方向を避けようとしている。対日資産凍結の細かい部分に関する交渉ですら何も進まず、最後には『ノー』としか返ってこない[81]」

ホワイトホールはこのような日本側の苦境をある程度摑んでいたが、日本に対して何らかによって対日政策を推し進める必要性がなくなりつつあった。

っていた。既に対日外交に関する主導権はアメリカに移っていたため、イギリスがなすべきことはほとんどなかったのである。従ってホワイトホールには、インテリジェンスによって日本の政治的意図を読み取り、外交によって対日政策を推し進める必要性がなくなりつつあった。

東京ではクレイギーが、日本外務省の穏健派、特に帰国した重光や豊田が再び主導権を握ることを期待していたが、ホワイトホールはクレイギーと豊田の話し合いにそれほど期待していなかった。ただしクレイギーにも迂闊な点があり、それは「超」のつく親日派、ピゴット元陸軍武官をアドヴァイザーにしていた点であった。ピゴットはクレイギーに対してかなり事実を歪めて報告していた節があり、そのためにクレイギーは日本にも穏健派が台頭しつつある、という誤った情勢判断を下してしまったのである。外交史家、アントニー・ベストはピゴットについて「ピゴットをめぐる問題は、不十分な情報しか収集できないことにとどまらなかった。ピゴットが不器用に外交に干渉したことは日英関係に有害だったのである」と指摘している。[82]

いずれにせよ日英関係から対日政策を規定しようとしたクレイギーに対し、ホワイトホールは世界戦略の観点から日英関係を捉えていたため、クレイギーの報告やBJ情報は日本が英米との関係を改善したいことを示していたが、そのような情報はあまり考慮されなくなっていたのである。この段階でホワイトホールが追求した政策は、対日避戦から日本との対決に変わりつつあったため、インテリジェンスは日本との対決を避けるというよりは、日本との対決のタイミングを計るために利用されようとしていたのである。

イーデンが、「極東政策における問題点は軍事面にある。従って我々の政策は戦略を優先的に考慮しなければならない」[83]と主張したように、今や英極東政策の焦点は、政治、経済面から軍事戦略面に移りつつあった。このイーデンの主張を受けて、英参謀本部も早急に対日戦争計画を作成しなければならなかった。参謀本部は日本が主にシベリア、タイ、ビルマ・ルートのいずれかを攻撃すると想定して計画を練っており[84]、既にイギリスの極東戦略は、モスクワ攻防戦の推移を注意深く観察しつつ、マレー防衛作戦を練ることに主眼が置かれるようになっていた。

MI5のカウンターインテリジェンス

これまで主に外交政策面からイギリスの対日政策が強硬になっていった状況を見てきた。確かにイギリスは極東での新たな戦争を望んでいたわけではないが、戦争をする覚悟はできていた。そのような覚悟はこの時期、イギリスの対日防諜（カウンターインテリジェンス）活動が活発になったことからも読み取ることができる。

一九四一年九月、チャーチルは彼の情報アドヴァイザーであるモートンにこう漏らしている。[85]

「我々が日本との戦争に突入するかもしれないこの時期に、日本側へ情報を提供しているイギリス人がいるのは如何なものか。しかもその内二人は私の個人的な知り合いなのだ」[85]

この二人とは、貴族院議員のセンピル卿と元海軍将校のマクグラス中佐のことであった。センピルは有名な親日派で、一九二〇年代には日本を訪れ、霞ヶ浦の臨時海軍航空術講習部で教官として日本海軍に雇われていたことがあった。[87]

保安委員会（Security Executive：俗称 Swinton Committee は、一九四〇年五月、内務省保安部＝ＭＩ５を指導する目的で内閣の下に設置された委員会。国内の保安情報はすべてこの組織の下で管理された）[88]の委員長スウィントン卿は、一九三〇年代からセンピルの動きを監視しており、一九四〇年代になってもセンピルが三菱銀行を通じて日本からの支払いを受け取っていることを摑んでいた。[89]センピルに関してはスウィントンから関係各省に警告が出回っていたため、チャーチルの心配は杞憂に終わったが、マクグラスに関しては詳しいことはわかっていなかったようである。

このようにチャーチル直々にイギリス国内での防諜が要求され、日本に情報を提供しているイギリス人スパイに対する監視が厳しくなるということは、チャーチル自身が対日戦を覚悟していることの表れであった。ＭＩ５が監視していたその他のイギリス人としては、当時在英日本大使館に雇われていたヘンリー・エドワーズ、一時期デビッド・ロイド・ジョージ元首相の外交アドヴァイザーであったＭ・Ａ・ゲロスウール、親日家で元駐日武官のピゴット、貴族院議員のエドワード・グリッグらの名前が挙がっている。[90]これらの人物に対しては、

MI5から関係各省、もしくは本人に対して警告が与えられたため、イギリスの機密情報が日本側に渡ったという証拠は今のところ見当たらない。

一〇月に入るとセンピルは、同じ貴族院議員で元内閣書記官長のハンキーに対して対日政策の緩和を求めていた。[91] この親日派のセンピルの行為が日本側の要求によるものなのか、センピルの独断行為かはわからないが、ハンキーも日本との対決に消極的であったために、リース＝ロス戦時経済省次官、イーデン外相らに慎重な対日行動をとるよう促していた。[92] しかしイーデンは、「またあの宥和が繰り返される。もちろん我々は日本との戦争を望むわけではないが、ハンキー卿は侵略者に対して甘い顔をすることが、危機の回避にならないことを学んでいない」[93] と書き残しており、ハンキーに対しても「我々はゲームの主導権をアメリカに渡し、しばらくの間、日本との交渉から離れなければならない」[94] とイギリスが日本に対してもはやなし得ることがないことを強調していたのである。

さらに同月、アメリカに潜伏していたイギリス人、ラットランドがMI5によって拘束されている。元英空軍少佐のラットランドは一九二〇年代、センピルと同じく日本海軍に雇われて、日本で航空母艦艦載機の運用を指導していたが、一九三〇年代に入ると日本海軍のスパイとしてアメリカに潜入していた人物である。[95] しかし日本海軍からラットランドへの通信はGC&CSによって傍受されており、ラットランドへの手紙もすべて開封され読まれていた。すなわちラットランドは常にMI5によって監視されていたのである。従って日本との戦争が明確に意識されたこの時期、日本側のスパイであるラットランドはMI5によって拘束され、イギリスへ送還されてしまったのであった。このようなMI5のカウンターインテリジェンスは迅速かつ効果的であったと言えよう。

またGC&CSは、在日伊大使館からローマへの通信を傍受することによって、日本がロンドンと在日英大使館との通信を傍受していることを摑んだため[96]、一〇月、JICによって「暗号、無線通信に関する安全対策委員会」が設立されている[97]。これは軍部、各省における通信の安全を確保するための組織であった。この対策の一環として、在日英大使館は本省と同じ高度外交暗号を導入したのである。この暗号導入によって、日本側は在日英大使館の通信を解読することができなくなっていった。これらの機密保持のための対策は、対日戦に向けて万全の準備をしておく意味があったのである。

三　戦争への道

一〇月以降のＢＪ情報

一〇月に入り仏印当局は、日本軍の軍事関連費用が急激に増加していることに懸念を表しており、それに対する東京からパリへの訓電は以下のようなものであった。

「もしフランス側から軍事費の増加について質問された場合は、英米と敵対する場合の予防措置と雲南での軍事行動を完遂するためのものと説明しておくこと」[98]

また同じ頃、東京はバンコクに藤原岩市陸軍少佐を謀略のために派遣したことを伝えており、これらの通信はＢＪ情報によってホワイトホールの知るところであった。すなわち、日本が着々と南進拡大の準備を進めていることは明らかであった。さらに一〇月一八日の東条内閣成立のニュースによってイギリス側の警戒感は高まっていたのである。

一九四一年一〇月以降、シンガポール、バタビア、バンコク、マニラの日本領事館は英軍に関する大量の情報を報告しており、日本軍のタイ、マレー、蘭印に対する攻撃が近づいていることは明白であった。

特にイギリスにとってはタイ情勢が頭の痛い問題であった。日本軍によるタイ侵攻を懸念したタイ外相のディレークは、クロスビー駐タイ英公使にイギリスのバッファロー戦闘機をタイに配備してくれるよう要求していたが[99]、シンガポールにすら戦闘機が不足している状況ではタイへの供給は困難であり、イギリスはタイに対して何ら具体的な保障を提案できずにいたのである。ベネット極東部長は、「我々はピブンが既に日本側に立っていたとしても何も驚かないだろう」[100]とタイ情勢に対しては諦めの境地にあった。

一〇月一七日、シンガポールの日本領事館は東京に現地情勢を報告しており、その内容は以下のようなものであった。

「シンガポールにおける英軍の状況は改善されつつある。兵力増強が大きく報道されないのは、（一九四一年）二月の大々的な報道に比べると対照的ですらある。二月の時点で英軍の状況が誇張されたのは、極東英軍の弱さを隠すためのものであり、今プロパガンダの必要性がなくなったということは、英軍の配備が完成に近づきつつあるということである。（中略）日本が南進政策を放棄しない限りイギリスはその手を緩めないだろう」[101]

このようにシンガポールにおける英軍のプレゼンスは、日本にとっても無視できないものとして映っていたようである。またＰＩＤは東条内閣の成立によりアメリカの態度がより硬化し、日米交渉妥結への道のりはより困難になると分析していた。日米間が危機的になればなるほど逆に英米間の連帯は強まるため、このような分析はホワイトホールの対日政策をより強硬なものへと駆り立てていた。[102]

そしてイーデン外相は蘭印が日本に攻撃された場合、対日宣戦布告することを提案していた。[103] それまでイギリスは蘭印に対する保障を曖昧にしてきたが、この時点でイーデンは明確に蘭印の防衛を主張している。アメリカの対英支援の確約がない状態で、蘭印に共同防衛の保障を与える危うさは認識されていたが、シンガポールの英参謀本部からの報告によっても極東英軍の状況が改善されていることが明らかになったため、[104] イーデンはこのような判断をするに至ったのであろう。またこの方針の目的としては、英艦隊の極東派遣と同じく、日本に対する抑止、蘭印及び英自治領に対する政治的保障、さらにはアメリカの介入を促す政治的計算もあったと考えられる。

対日外交をほとんど放棄したイギリスは、アメリカに時間稼ぎの役を託して対日戦に備えていた。今やBJ情報は、日本との開戦のタイミングを計るために使われようとしていたのである。一一月八日、BJ情報は、日本が一九三六年一一月に締結された日独防共協定の付属秘密協定を破棄したいという意向を伝えていた。[105] この秘密協定は対ソ日独同盟を意味していたため、協定の破棄は日本が独ソ戦に介入することがなくなることを明らかにしていたのである。イーデンはクレイギー駐日英大使に対して「我々の対日政策は常に戦争の危険を孕んでいるが、これはアメリカの参戦を期待してのことだ。（中略）日本には南進の用意ができたようである」[106]と書き送っていることから、日本のタイ侵攻を確信していたようであった。
　同時にGC&CSはハノイの仏印当局からパリに向けたフランスの外交通信も解読しており、ドクー仏印総督は日本の次の目標がタイであることを示唆していた。[107]この地域では伝統的にフランス情報部の情報収集能力が高く、このようなフランス経由の情報も貴重なものであった。さらに一一月中旬、極東MI6はこのようなフランス筋の情報として日本のタイへの侵攻準備が二週間ほどで完了すると報告していたのである。[108]一方で南シナ海における日本海軍の動きを監視していたシンガポールの極東統合局（FECB）はトンキン湾における日本の上陸作戦を想定しており、[109]JICも日本の対ソ参戦はなくなり、日米交渉破綻の場合、まずはタイの掌握が日本の狙いであると予測していた。[110]
　また中国からは、駐中英大使クラーク・カーが蒋介石からの情報をチャーチルに伝えていた。その中で蒋は、日本の中国南部への攻撃が開始されようとしており、これを防ぐためにはイギリスの航空戦力を貸与してもらうしかないと訴えていたのである。しかし当時シンガポールに配備されていた英空軍力は、シンガポールを守ることすら怪しい状態であったため、イギリスにはとても中国に航空戦力を回す余裕などなかった。そこでチャーチル首相はローズヴェルト大統領に訴えた。
「雲南が日本の手に落ちれば、援蒋ルートであるビルマ・ルートが切断され、中国の抗戦能力が大幅に落ちてしまうでしょう。そして日本軍は余った兵力を南や北に向けることができるのです。（中略）大統領が大西洋会談の時に話されていた時間稼ぎは今のところ申し分ないですが、対日経済制裁によって日本は徐々に追い詰められています」[111]

ローズヴェルトはこのようなチャーチルの訴えかけに同調したが、しばらくの間は蔣介石に対して何もすることができないと主張していたため、チャーチルの危惧は増大していくことになる。そして一一月一〇日、チャーチルはロンドンのマンション・ハウスにおいて、「アメリカが日本との戦争に巻き込まれた場合、イギリスは一時間以内に対日宣戦布告をするだろう」[112]という対日牽制のスピーチを行ない、予測される日本軍の南進にブレーキをかけようとしたのであった。また一九日にはイーデンが日本大使館に対して、ビルマ・ルートへの攻撃が深刻な事態を招くと警告している。

しかしこのようなチャーチルの演説は多少強硬すぎた感があり、PIDはチャーチルのスピーチが日本との対決の危険性を加速させたと分析している。[113]このような分析は、日本との対決は不可避になってきているがイギリスが敢えて日本の正面に立つべきではない、という判断が土台になっており、極東においてイギリスはもう少し後退する必要性が生じていたのである。

暫定協定案

一一月二二日の午前（以下、ワシントン時間）、ハル国務長官はハリファクス英大使、ケーシー豪大使、アレクサンダー・ロウドン蘭大使、胡適中国大使を国務省に呼び出し、四月の日米交渉開始以来、初めて多国間で対日交渉の条件を検討した。この時、ハルは日本の最終的な譲歩案である乙案（日本が南部仏印から撤退する代わりに、アメリカから石油の供給を求める内容）に拒否反応を示している。ただしハルは乙案に対して日本側に回答するわけではなく、対案となる暫定協定案を用意していたのであった。その内容は、①太平洋の平和維持、②アジア・太平洋地域における軍事的進出の禁止、③南部仏印駐屯部隊の削減、④対日経済制裁の緩和、といったものであり、有効期限は三か月とされた。つまりハルは、三か月の時間を稼ぐために日本と一時的な協定を成立させようとしていたのである。

この三か月という時間は、東南アジアで日本の脅威に晒されていた英豪蘭にとっては望ましいものであった。ともかく三か月時間を稼げれば当面の危機も回避され、その間に対日防衛の準備も進むからである。ハル自身も時間を稼ぐことの重要性をよく認識しており、また乙案が日本側の最終提案であることを察知していたため、暫定協定案の日本への提示は最終段階での時間稼ぎであった。このようなハルの思惑を理解していた豪蘭の大使はその場で個人的に賛同を示している。[114]

ハリファクス英大使も基本的にはハルの独断でやってもらっても結構という意見であり、暫定協定案には基本的に賛成であったが、とりあえず本国に暫定協定案を知らせ、指示を待った。当初、チャーチルも三か月の時間が稼げるということで暫定協定案に賛同していた。[115]二四日の夜に到着したロンドンからの指示は、ハルの判断に委ねるという前提で、乙案は受け入れられないが、ハルの暫定協定案も不徹底、というものであった。イギリス側が求めたのは、①仏印からのすべての日本軍部隊の撤収と軍事施設の撤去、②ロシア、中国、東南アジア、南太平洋地域における軍事侵攻の禁止、③日本がこれらの条件を受け入れた見返りとして米英蘭による経済制裁の緩和（ただし石油は除く）、というもので、暫定協定案に比べると仏印からの完全撤退を求める点で強硬な内容となっている。[116] しかし米英両案とも中国からの日本軍の撤退については触れていない。

翌朝、ハリファクスはこの英試案とも呼べるものについてハルと話し合っているが、結局、暫定協定案に英試案を組み込むことはできないという結論となった。その後、ハルはノックス海軍長官、スティムソン陸軍長官と暫定協定案について話し合いを持ったが、スティムソンは、日本が案を受け入れることはないだろう、と否定的な発言をしている。[117]

他方、胡適中国大使は当初、暫定協定案に関して、「ハルに全幅の信頼を置いており、仏印から日本軍が撤退すれば安心できる」と発言して、暫定協定案を即座に重慶外交部に報告した。[118] しかし、既述したように同案では中国からの日本軍の撤退について触れられていなかったため、蔣介石は暫定協定案には反対の立場をハルに伝えるよう訓令している。

これを受けてワシントンの胡はハルに対して蔣の抗議を伝え、北部仏印に駐屯する日本軍の数も五〇〇〇人にまで減らすよう強硬に要求した（ハルは二万五〇〇〇人を提示）。また蔣は自身の私的代理人としてワシントンに滞在していた宋子文に対して、胡に送付した内容と同じ抗議を陸海軍長官に通知し口頭で事態の深刻さを説明するよう命じている。

暫定協定案の撤回とハル・ノート

蔣介石から度重なる抗議を受けたハルは辟易《へきえき》しており、「蔣は国務省に対してだけではなく、政府のあらゆる高官に対して膨大かつヒステリックな電信を送り続けている」[119]と漏らしていた。各国大使との連日の調整も手伝って、ハルの精神的な疲労はかなり限界に達していたようである。さらにハルはマジック情報によって、乙案が日本側の最終案であることを知っていたため、対応に神経質になっていたことも想像される。そしてそのような中で、二五日午後、米陸軍情報部からスティムソン陸軍長官に日本軍部隊南下の情報が伝えられた。その情報は、日本軍五個師団（約一二万人）が、山東、山西から上海に集結し、三〇〜五〇隻の大船団で台湾沖を南進中というものであった。[120]この情報は、日本軍が日米交渉の裏で戦争の準備を行なっているということを明示しており、驚いたスティムソンは即座に電話でハルに知らせている。

ただし日本陸軍の部隊移動の記録によると、当時の部隊の動きでこれに該当するのは、上海から海南島の三亜に向かっていた第五師団の先遣隊一万七二〇〇人、一六隻であり、この程度の規模では武力による南方進出など不可能である。[121]もしスティムソンが得た情報がこのことを指すのであれば、それはかなり誇張されたものであったといえる。しかしハルはこの部隊移動を日米交渉中の日本の背信行為と捉えて激高したのであった。

他方、中国側はさらなる一手として暫定協定案を新聞にリークし、日米間の妥協成立を阻止しようとした。その結果、二五日の『ニューヨーク・タイムズ』や『ヘラルド・トリビューン』紙に暫定協定案の骨子が掲載されることになった[122]。この記事は日本側でも読まれており、日米合意への期待が大きく膨らんだのである。東郷茂徳外相は野村に対する訓電の中で、「米国新聞通信社は米側の要求として、我方の仏印部隊全面撤退と資産凍結解除とを関連せしめる模様」と書いており、「一時はいささかながら希望を繋いだ」と暫定協定案に期待していた様子が窺える[123]。

結局ハルは二六日の早朝、スティムソンに電話をかけ、暫定協定案の提出を取り止めることを伝えている。ハルがなぜ暫定協定案を放棄したのかその理由は定かではないが、スティムソンから伝えられた情報が彼の決断に与えた影響は小さくはないだろう。また来栖三郎駐米大使は一九四二年八月に日本に帰国後、天皇に対して報告を行なっているが、その中で、ハルが暫定協定案を放棄したのは、日本軍のタイへの動きが原因ではなかったかとしている[124]。

同日午前、スティムソンはローズヴェルト大統領にも電話で日本軍南下の情報を伝えたところ、大統領は飛び上がらんばかりに驚いたとのことであった[125]。その後、ハルは大統領に対して暫定協定案の撤回を伝えており、ローズヴェルトもこれを了承している。さらに同じ頃、イギリスのチャーチル首相からローズヴェルト大統領宛てのメッセージが届けられた。その趣旨は中国崩壊への懸念であった。

「もちろん我々は米国政府にすべてを委ねているし、これ以上の戦争は望みません。ただ一つの懸念は中国です。もし中国が崩壊すれば我々の直面する危機はとても大きなものになるでしょう[126]」

このチャーチルのコメントだけでは、暫定協定案に賛成しているのか反対しているのかは判断できない。しかし既述のようにイギリス側は暫定協定案に独自の条件を付け加えた提案をしており、暫定協定案そのものに反対していたわけではない。後にハリファクス大使は、暫定協定案に反対していなかったとウェルズ次官に伝えている。[127]恐らく英試案には仏印からの日本軍の撤退にしか言及されていなかったため、チャーチルが個人的に中国崩壊への懸念を付け加えたのだと考えられる。しかし中国側からの抗議が相次ぐ中、チャーチルが改めて中国についての懸念を表明したことで、ローズヴェルトやハルの考えに影響を与えた可能性は否定できないだろう。

午後、ローズヴェルト大統領は宋子文と胡適大使をホワイトハウスに招き会談を行なった。蔣介石は宋や胡を通じて暫定協定案への抗議を繰り返していたため、まず大統領より蔣介石の抗議電報は不正確な情報に基づいているとの説明があった。胡の電報が伝える暫定協定案の実施は、米国の方針が既に定まっており、再検討することはできないとの印象を与える内容であったが、ローズヴェルトによればアメリカの提案は日本に提示する前に友好国の承認を得なければならないものであり、未だ日本に提示していないことを説明している。

宋は重ねて暫定協定案では脅威を回避することはできず、日米の妥協によって中国が崩壊することを望まないと主張したのに対し、ローズヴェルトは直接の回答を避けつつも、現下の情勢変化は非常に速くて予測し難く、一、二週間の間に太平洋で戦争が起こるかもしれないことを伝えている。そしてこの会談の後、つまり一一月二六日夕方にハルは野村、来栖両大使に対して米側の提案、いわゆるハル・ノートを提出したのである。

ハル・ノートで特筆すべきは中国、仏印からの日本軍全部隊の撤退を勧告した項目であろう。日本の最終妥協案である乙案では、南部仏印から北部仏印への部隊移動が精一杯というものであり、この中国、仏印からの完全撤退は日本側にとっては受け入れ難いものであった。ハルは日本の乙案が最終的なものであり、交渉が纏まらなければ戦争の可能性がかなり高まることはよく認識していたはずである。二七日、ハルはスティムソンに対して「私は手を引いた。あとは君とノックス、つまり陸海軍の仕事だ」と話していることからも、ハル・ノートの提出によって開戦を意識していたのは明らかであった。[128]

かたやハルが暫定協定案を提出すると予想していたハリファクス英大使は、ハル・ノートが日本に提出されたことを知ると、予定していた休暇をキャンセルし、慌ててハルやウェルズに対して事実確認を行なった。イギリスから見た場合、ハル・ノートの提出は極東での日本との対決を早めるものでしかなかった。一一月三〇日、ハリファクスは日本が侵攻してきた場合、アメリカ政府として何か具体的な支援策があるのかとハルに問い詰めており、これに対してハルは大統領に直接訴えるべきだとして、ハリファクスとローズヴェルトとの会談を翌日に設定している。[129]

イギリスにとって、ハル・ノートの提出は、当面の時間稼ぎの手段を失ったにすぎない。既にイギリスはチャーチルの演説に見られるように、日本に対する最後通告を行なっていたからである。一一月三〇日、チャーチルは解読された日本の外交通信を読んだ感想として、イーデンに以下のように書いている。

「恐怖は行動を抑止するのではなく、むしろ行動を促すことになるかもしれない」[130]

チャーチルは日本の攻撃を肌身で感じつつあったようであるが、もはやイギリスが単独でなし得ることはなかった。

一一月二八日、在英米大使館の米海軍武官はパウンド英海軍提督に対して、「日本との交渉は決裂した。数日以内に日本の攻撃が開始される可能性がある」[131]と伝えるに至っている。早速海軍省はこの情報をシンガポールに伝達し、日本軍の攻撃に備えるよう警告していたのである。

さらにこの頃、クロスビー駐タイ大使はタイ・仏印国境の日本軍の動きが活発になっていることを報告していた。[132]そしてBJ情報によれば、日本外務省が在外大使館に暗号解読機の破棄を通告し、その一方で在外日本人、大使館員の帰国が始まっていたのである。[133]またベニート・ムッソリーニは堀切善兵衛駐伊日大使に、日米戦争の際にイタリアが参戦することを伝えており[134]、もはや戦争は不可避となっていた。

一方、ワシントンのハル国務長官はハリファクス英大使に対して、軍部は何が起きても対処できるように準備しておかなくてはならないと語っており、ホワイトホールの関心は今や日本がイギリス、蘭印に攻撃を仕掛けた場合、アメリカが対日宣戦布告をするか否かであった[135]。

一二月一日、ハルが設定した会談において、ハリファクスはローズヴェルト大統領と長時間にわたって話し合い、ついにアメリカの対日参戦についての言明を引き出すことに成功したのである[136]。ローズヴェルトは日本の英領、蘭印、タイへの攻撃がアメリカに対する攻撃と同義であると認めるに至った。ここに至ってイギリスは対日単独戦争の呪縛から解き放たれ、チャーチルの描いたシナリオ「英米対日独」の実現が可能となってきたのである。この報に接したチャーチルは、中東方面軍司令官、クロード・オーキンレック陸軍大将に対して、「これは計り知れない朗報だ。私は長らくアメリカ抜きで日本と戦争をする恐怖に悩まされてきたが、今やすべては上手くいくだろうと思う」と書き送った[137]。このローズヴェルトの確約こそ、英米関係にとっての歴史の転換点といっても良いが、ただ実際問題として、英蘭のみが攻撃されてアメリカが対日宣戦布告を行なえるかどうかは、世論との兼ね合いもあり、微妙なところだったのである。

四日の閣議においてチャーチルはそれまでひたすら言明を避けていた蘭印への支援についい

て、「もし日本がオランダを攻撃すれば、我々は彼らを助けに行くし、米国もそうすると断言することができる」と自信を持って発言するようになった。[138] この閣議において、イギリスの蘭印、タイへの支援保障と、英極東軍司令官ブルック＝ポハムへのマタドール作戦発動の許可が与えられたのであった。[139] 英軍は東南アジアにおいて日本のタイ、マレー侵攻に備えることになったのである。

そして日本時間の一二月七日二〇時五〇分（真珠湾攻撃の約二八時間前）、既に各大使館のパープル暗号機は破棄されていたため、以下のような外交コードが東京から世界各国の日本大使館に送信された。

「訓令により、ハットリ、コダマ、コヤナギ、ミナミ書記官はそちらへ着任[140]」

もちろんGC&CSはBJ情報によって事前にこのコードの意味を入手していた。「ハットリ」は「以下の関係国との危機的状況」、「コヤナギ」は「イギリス」、「ミナミ」は「アメリカ」を表していたため、この訓電を解読すれば「英米との関係は危機的状況にある」ということになる。チャーチルもこのBJ情報に目を通していた。[141] アメリカ側でもこの電報は傍受されたが、解読班が「ミナミ」を見落としてしまい、「日英関係が危機的である」と訳してしまったようである。[142]

このような情報は、対日戦がすぐ近くにまで迫ってきていることを明示していた。太平洋戦争で最初の戦端が開かれたのは真珠湾ではなく、実はマレー半島沖であった。真珠湾攻撃の一七時間前となる一二月七日の午前一〇時半頃、日本陸軍の戦闘機部隊が英軍のPBYカタリナ飛行艇と遭遇し、これを撃墜していたのである。この報に接した参謀本部通信課の戸村盛雄少佐は既に対英戦争が始まったと判断するに至った[143]。ただし英軍側の判断は、敵軍による撃墜の可能性を疑ったものの、開戦の認識はなかったようである[144]。その後、日英戦争は一二月八日午前二時過ぎ、日本陸軍の南方軍第二五軍の先遣兵団が、南部タイのシンゴラ（ソンクラ）、パッタニー付近と英領マレーのコタバルに上陸を開始したことで開始された。しかも対英開戦は無通告で行なわれたのである。日本陸軍は、米英は同盟国であるためアメリカに知らせておけばそれで十分だという考え方であったが、これは明らかに国際法違反であった。

それに加えて、日本軍のマレー上陸は真珠湾攻撃ほど劇的なものではなかったため、日本の攻撃が開始されたことを知らされたチャーチルの反応は、驚くと言うよりもむしろ予想通りというようなものであり、「我々は勝利を収めたのだ[145]」との感想を残している。シンガポールで日本軍の攻撃開始を知らされたアーサー・パーシバル陸軍中将の第一声は、「さて……小人たちを追っ払うか[146]」であったと言う。

チャーチルが「あらゆる戦争の中で、こんなにショックを受けたことはなかった[147]」という有名な一節を残すことになったのは、日本が戦争に訴えたという事実によってではなく、イギリスが世界に誇る艦隊を撃沈されたことによって、日本軍の実力を軽視しすぎていたことを痛感したためであった。チャーチルは日本軍の攻撃は予測していたが、その能力までは正確に把握していなかったのである。しかし日本のマレー攻撃は、イギリスが長年望んできたアメリカの対日参戦、そしてドイツの対米参戦を現実のものとし、チャーチルは戦争の勝利を確信したのであった。

まとめ

ホワイトホールでは対日経済制裁以降、日本に対する政治的な締め付けが検討されていた。そしてそれらは大西洋会談における英米の共同宣言と、チャーチルの対日警告として形に表れてくる。一般に「ＡＢＣＤ」と呼ばれている対日包囲網は、太平洋地域における経済的な締め付けだけでなく、政治面、さらには情報面における連合国の結束を表していたのである。

この時期、イギリスのインテリジェンス分析の多くは日本の南進を過度に強調するものであった。このようなインテリジェンスの報告によって、その利用者である外務省は先手を打ち、日本との対決を自ら先取りするような状況を導いたのである。そしてその結末が大西洋憲章やチャーチルの演説であった。

同じ時期、ＰＩＤは日本の外交政策を評して、「日本は交差点の赤信号を見ながら徐々に速度を落としている。しかしエンジンは全開で回っており、いつでもトップギアで突っ走る用意をしているのだ[148]」と表現しており、この種の報告は日本との対決ムードを煽ることになった。そしてイギリスの対日強硬政策と対米追従が追求された結果、対日政策は硬直化し、ホワイトホールは情報を慎重に考慮しないまま政策を決定していくことになる。

一九四一年後半になると、ホワイトホールにおいては極東情勢に関するさまざまな情報が大量に報告され交錯していた。外務省や内閣、極東委員会はそれら情報の山を消化しなければならなかったが、あまりにも情報が多すぎたため詳細な検討を進めることができず、このような理由からも情報を政策に生かすことができなかった。

言い換えれば十分な情報はあったものの、分析が追いつかなかったのである。日本との戦争が近づくにつれて、情報の量はさらに増大し、情報と政策の関わりを厳密に叙述していくことは困難になるが、恐らく政策に合わせて情報が取捨選択されていったと考えられる。この時期の情報分析の結果はおおよそ以下のようなものであった。

①日本は拡大志向である
②日本の次のターゲットは中国南部、タイであり、最終的には蘭印、マレーに向かう
③日本軍は実質的には大したことはない

ホワイトホールの政策決定者は、これらの情報を基に対日戦略を検討していたのである。このような情報分析は、いわばホワイトホールの固定観念とも言うべきもので、東南アジアにおける日英の衝突が既に不可避であることを示していた。従ってイギリスは早々に対日戦の覚悟を決め、チャーチルの対日警告の後は対日戦略が着々と練られたのである。

四　むすび

危機を回避した大英帝国

これまで一九四〇年から四一年にかけてのイギリスの対日外交とインテリジェンスの関わりを見てきたが、最後にどうしても考えておかなくてはならないことがあるだろう。それは、イギリスの対日インテリジェンスが成功したのか、それとも失敗したのか、ということである。

結論から先に言えば、筆者は、イギリスのインテリジェンスが極東情勢を分析してそれを政策に生かし、最終的にはアメリカを連合国側に参戦させた、という点で成功であったと考えている。もし一九四〇年に日英戦争が勃発していれば、アジアにおける大英帝国はあっという間に瓦解し、イギリスの対独戦争も極めて困難な戦いとなったであろう。イギリスのインテリジェンスは、日本の外交的意図を先取りし、先手を打つことができたのである。

しかしトータルでは良かったとしても、個々の問題点は指摘できる。恐らくイギリスのインテリジェンス最大の失敗は、日本軍の能力を大幅に過小評価してしまったことだろう。イギリスの対日評価は第二章で述べたように、日本軍の力量をかなり過小評価したものであったため、実際に戦争が始まってみると英軍の連鎖的な敗北を引き起こしたのである。[149] イギリスが日本に対して過剰とも言える反応を示していたのは、日本の拡張主義による政治的な脅威と、欧州と極東での二正面戦争に対する漠然とした不安を感じていたからであり、日本軍そのものによる脅威からではなかったと言えよう。イギリスのインテリジェンスは日本側の意図を読み解くのに専念しすぎ、肝心の敵の能力を詳しく分析していなかったのである。

そしてそのような対日軽視があっという間のシンガポール陥落や、プリンス・オブ・ウェールズ、レパルスといった虎の子の戦艦喪失を招いたのであった。このようなイギリスの対日観は、主に情報部からの報告に拠る所が大きかったのである。

またこのような対日軽視の報告は、軍部だけでなく、ホワイトホールの政策決定者や政治家にまで影響を及ぼすことになる。チャーチル首相やイーデン外相に代表される政治家は、日本が大したことはないと考えていたために、日本との対決を厭わず、慎重な対日政策を放棄してしまったのである。彼らのプランは、イギリス軍が数の上では劣勢であったとしても、日本軍は質で劣るため戦争になっても持ちこたえられる、というものであり、このような思考が戦争をも辞さないという強硬な路線に繋がったとも言えるのである。ベストは、「少なくとも一五年以上前から、チャーチルは日本の優れた能力を過小評価する固定観念を持っていた。それをぬぐい去れなかったのは彼自身の過ちなのである」と評した。[150]

また一九四一年後半のチャーチルらの対決姿勢は、ＢＪ情報に拠る所も大きかった。確かにＧＣ＆ＣＳによる日本の外交通信の盗読は、対日情報収集手段としては確実であっただろう。アメリカが日本の外交通信を解読する際に、日本語を誤訳してしまい、日米間のコミュニケーション・ギャップを招いたことは有名な話であるが、幸いなことにイギリスの解読チームは「御前会議」を「Morning Conference（午前会議）」とするようなミスは犯さなかった。

しかし通信傍受情報から日本の真意を完全に読み取ることは難しかったと言える。当時の日本の外交政策決定過程は組織間の軋轢が強く、特に各大使館に送信する訓電は、政府、外務省、軍部間の妥協の産物であった。日本外務省ではまさか通信が読まれているとは想像しなかったため、訓電の内容は時として曖昧であったり、また米英に対する強硬な語句が挿入されたりもしていたのである。しかしそのような外交通信を読むイギリス側では、このような訓電を日本の外交政策の真意であると解釈したのであった。例えば、本書でも取り扱った南部仏印進駐の際に、日本外務省は対外政策を曖昧にしたまま「米英戦を辞せず」などと訓電を打ったため、この文面を読んだイーデンらは危機感を抱いたのであった。ただしこのような日本外交への理解の欠如は、イギリスのインテリジェンスが犯したミスというよりは、政策決定において妥協と非（避）決定を繰り返した日本側の問題であったとも言える。

他方、東京のクレイギー駐日英大使は、このような日本政府の内情をある程度知っていたため、ロンドンに対して極端な対日強硬策に傾かないよう注意を促していた。しかし既に述べてきたように、チャーチルはＢＪ情報を重視し、クレイギーの報告を軽視して、通信情報から得られるものが日本の真意であると解釈していたのである。そしてこのような通信情報の重視や対日軽視傾向は、一九四一年後半の対日外交を硬直化させるに至ったのであった。

むしろイギリスの対日インテリジェンスは、対米関係において威力を発揮した。我々はこの時代の国際関係を日米関係、日英関係と二国間関係から定義しがちになるが、幅広く日英米関係を俯瞰した方がより理解が深まるのである。一九四〇年からチャーチルが抱きつづけた極東構想は、日英の対立にアメリカを巻き込むことであった。この大戦略が達成されれば、後の問題はすべて解決したのである。

本書で述べたことを概観してみると、一九四〇年後半はイギリスのインテリジェンスが日本の暗号に対応できず、対日情報収集活動とそれにともなう情報分析活動が滞ったために英極東戦略は混乱していた。このような混乱は二月極東危機として表面に現れ、この唐突に見える危機は長い間研究家の関心の的となってきたのである。しかしイギリスの情報活動を丹念に追っていくと、このような危機はインテリジェンスに根ざした問題であったことが理解される。

二月危機以降のイギリスの極東戦略は、極東情勢の逼迫化に反比例するかのように安定感を増してきた。これはイギリスのアメリカに対する期待が高まったことと、日本の外交暗号の解読に成功したことが大きかった。日本の外交的意図が読めるようになってから、ホワイトホールは対日外交を最小限に留め、アメリカへの働きかけにより間接的なコミットメントを実現しようとしたのである。このようなイギリスの間接的な対日政策ゆえに、多くの研究が一九四一年の極東国際関係を日米関係から論じようとしている。しかしイギリスは日本に対して無関心であったわけではなく、日米交渉を注意深く観察することにより交渉の進展を把握して、適宜干渉していたのであった。イギリスはそのインテリジェンスによって、アメリカを通じた間接的対日外交を進めることができたのである。

そしてインテリジェンスと外交政策が最も効果的に連携したのが、一九四一年七月の南部仏印問題であった。この問題に接したイギリスのインテリジェンスは、情報収集、分析、利用の過程で柔軟に対処したため、当初計画された日本の抑止には失敗したものの、アメリカを極東問題に深く介入させることに成功したのである。この成功によってイギリスは対日単独戦争の悪夢から解放されたと言えよう。

しかしこのような成功は、その後の英外交を硬直化させる遠因となってしまった。日本の南部仏印進駐以降、インテリジェンスは日本の南進意図を過度に評価し、日本との対決を加速させたようにも見える。イギリスは日本が英米との関係改善を願っていることを知りながら、大西洋憲章、チャーチルの対日警告というように対決色を強めていったのである。この段階では既にイギリスの極東戦略の対象が日本よりもアメリカにあったため、日米の対決を固定化することが英極東戦略にとって合理的な選択であった。対日強硬策のエスカレートと対米追従は、インテリジェンスよりも政策が優先される結果を招いたのである。

それでもインテリジェンスは日本の反応を探り、また日本との対決をカウントダウンしていく上で重要な役割を果たしていた。よって太平洋戦争に至る道のりは、従来説明されるような、日米の非妥協的態度とイギリスの無策、というようなイメージよりも、英米の計算された対日強硬的態度と日本の情勢判断の失敗、といった側面が浮かび上がってくる。言い換えれば、日本は戦争を始める前からインテリジェンスの分野で劣勢にあり、状況を有利に導く力を失っていたと言える。

この時期、イギリスのインテリジェンスは情報を分析し、日本がイギリスに宣戦布告する可能性を探った。日英戦争の危機が高まれば、日本に対しては外交やプロパガンダによって時間稼ぎを行ない、アメリカに対しては対英援助を訴えた。そして日本の南進の情報は、アメリカを口説き落とす手段として利用されたのである。無論、アメリカはイギリスの言いなりになって対日参戦したわけでなく、むしろこのようなイギリスのやり方に警戒感を解かなかったが、結果的にアメリカは対日経済制裁を行ない、またイギリスに対して軍事的支援を確約したのであった。従って日本が真珠湾を攻撃し、マレーに上陸する頃には、チャーチルはその構想をほぼ実現していたと言える。

繰り返しになるが、もし半年でも早く日本がイギリスを攻撃していたならば、大英帝国は崩壊していたかもしれない。そしてそのような危機を回避できたのは、イギリスのインテリジェンスと外交の巧みさによるところが大きかったと言えよう。

あとがき

この著作は、二〇〇四年三月に京都大学へ提出した博士論文に加筆、修正したものである。そもそも研究の原点は、私がイギリスのロンドン大学に在学している時、「インテリジェンスと国際安全保障」という講義を受け、そこでイギリスのインテリジェンス・スタディーズに感銘を受けたことにある。日本では最近まで大学でインテリジェンスを扱っている講座はなかったが、当時から既に欧米ではこのような学問領域が確立されており、講義やゼミも多い。そのような中で衝撃を受けたことは記憶に新しい。

私は長らく、なぜ日本は負けるとわかっている戦争をしなければならなかったのか、なぜイギリスは国家存亡の危機にありながら、最終的に第二次大戦に勝利できたのか、という疑問を抱いており、インテリジェンス研究がその理由の一端を解明してくれるのではないか、という期待を持つようになったのである。

そしてロンドン大学の修士論文にインテリジェンスをテーマにしたのが研究の始まりとな

った。その際、ブライアン・ボンド、マイケル・ドックリル両教授は素人同然の私を親切に指導してくださり、また英公文書館でのリサーチでは、アントニー・ベスト助教授に手取り足取り教えていただいた。ボンド、ドックリル両教授とも退官が近かったため、指導を受けられたのは幸運であったと言える。

さらに私が公文書館に通っていた間に公開されたイギリスの通信傍受情報や保安部関連の資料は、インテリジェンス研究者にとっては宝の山であった。このような資料上の幸運にも恵まれ、この小著を書き進めることができたのである。

日本に戻ってからも、多くの先輩や友人に助けられた。日本でインテリジェンス研究はまだ学問として確立されておらず、論文の投稿などでは苦労したが、さまざまなゼミや研究会を通じて、自分なりの研究方向が固まっていったのではないかと思う。特に京都大学で開かれている「情報史研究会」からは多大な刺激を受けた。ここでお世話になった人々の名を挙げていくときりがないが、いつも的確なコメントをいただいた井上千春氏に感謝したい。

そして本書の執筆過程で最もお世話になったのが、京都大学での指導教官である中西輝政教授であった。教授には私が大学院に進学して以来、約八年間お世話になった。私の留学中には、ご多忙にもかかわらず何度も長文の手紙をいただき、またロンドンからの突然の電話にも快く対応していただいて、大変勇気付けられる思いがした。そもそも中西教授が私にイギリスでインテリジェンスを勉強するように示唆してくださったのである。教授の存在は、私にとって最大の僥倖であった。

最後に、経済的に自立できず、わがままに研究してきた私に寛容であった両親と祖母に感謝したい。本書は両親と祖母、そして恩師中西教授に捧げるものである。

本書の出版に関しては、ＰＨＰ研究所の横田紀彦氏に多大のご支援をいただいた。この場を借りて謝辞を述べたい。

二〇〇四年一〇月

文庫版あとがき

本書は二〇〇四年に『イギリスの情報外交――インテリジェンスとは何か』と題して出版した著作に加筆したものである。既に出版から一五年が経過しているため、その後の資料公開や同分野における研究の進展、さらには日米の政策決定過程について稿を割き、イギリスの極東戦略に軸足を置きつつも、より包括的に太平洋戦争の起源を探る内容となったことから、今回は題名を『日英インテリジェンス戦史――チャーチルと太平洋戦争』と改めた。

本書の特徴は、二一世紀になって公開されたイギリスのインテリジェンス関連資料をふんだんに使用している点にあるが、二〇〇四年以降にも幾つかの資料公開があり、それを反映させている。例えば一九四一年二月危機の際、イギリスの秘密情報部（ＳＩＳまたはＭＩ６）が日本大使館の電話を盗聴していた記録が二〇一三年になって公開されており、このような新たに公開された機密情報や、日米の情報関連資料を盛り込んでいる。

さらに今回は細かな注釈を付けることができたため、それら資料の出典も明示できるようになり、より研究書としての性格を強めることになった。本書が二〇〇四年に出版された時、日本ではまだ学術研究としてのインテリジェンス史に対する理解が広まっておらず、まずは出版することを優先したため、学術的な体裁は二の次になってしまったことを記憶している。しかしその後、多くの研究書が発表され、ようやくそのような学問領域が認知されるようになったため、今回は注釈にもこだわることができた。インテリジェンス史のような分野はややもすれば謀略論に陥りがちであるため、やはり注釈によって客観性を担保しておくことは重要であろう。

出版については早川書房の一ノ瀬翔太氏にお世話になった。一五年前の文章の加筆修正と注釈のチェックにはかなりの時間を要したが、それでも氏は辛抱強く待ってくださったのである。ここにお礼申し上げたい。

二〇一九年六月

小谷　賢

人名索引

人名		頁
【ア】		
明石元二郎	あかし もとじろう	5, 28
アチソン	Dean Achison	168
アトリー	Clement Atlee	188
有田八郎	ありた はちろう	65
アンリ	Charles Arsène Henry	70, 72
【イ】		
イーデン	Anthony Eden	47, 48, 50, 79, 82, 102, 108, 120, 122, 127, 131, 132, 136, 151-157, 160, 163, 165, 171, 173, 174, 186, 191, 197-199, 201-203, 205, 207, 211, 213, 220, 228
井川忠雄	いかわ ただお	124
イズメイ	Hastings Ismay	86
岩畔豪雄	いわくろ ひでお	59, 125, 126
【ウ】		
ヴァンシタート	Robert Vansittart	47, 48
ヴィヴィアン	J.G.P.Vivian	34
ウィークス	Robert Weeks	107
ウィッグルスワース	H.E.P. Wigglesworth	31
ウールステッター	Roberta Wohlstetter	52
ヴェネカー	Paul Wenneker	67
ウェルズ	Sumner Welles	71, 110, 132, 134, 152, 158, 160, 165, 168, 181, 185, 189, 218
ウォルシュ	James Edward Walsh	124

人名		頁
ウマンスキー	Konstantin Umansky	146
【エ】		
エドワーズ	Henry Edwards	206
【オ】		
オーキンレック	Claude Auchinleck	221
大島浩	おおしま ひろし	107, 147, 149, 193
大橋忠一	おおはし ちゅういち	69, 74, 126, 154
岡新	おか あらた	36
オット	Eugen Ott	73, 148, 195
【カ】		
カヴェンディッシュ＝ベンティンク	Victor Cavendish-Bentinck	46, 48, 50, 54
加藤外松	かとう そとまつ	159
カドガン	Alexander Cadogan	48, 50, 99, 108, 160, 163, 181, 189
カトルー	Georges Catroux	64, 70
カミング	Mansfield Cumming	46
【キ】		
木戸幸一	きど こういち	155
キャンベル	Ronald Campbell	137, 196
【ク】		
クーリエ	Prescott Currier	107,
クラーク	Ashley Clarke	49, 131, 133, 137, 183
クラーク・カー	Archibald Clark Kerr	212
クライヴ	Robert Clive	30
クラウゼヴィッツ	Karl von Clausewitz	18
グラント	Howard Grant	92

人名		頁
グリッグ	Edward Grigg	206
グリーン	Graham Green	37
グリーン	Herbert Green	37
グルー	Joseph Grew	71, 130, 151, 199
来栖三郎	くるす さぶろう	217
クレイギー	Robert Craigie	30, 65, 71, 73, 74, 77, 78, 82, 88, 96, 103, 121, 130, 133, 153-157, 159, 165, 166, 169, 173, 179, 183, 195-200, 202-204, 211, 229
クロスビー	Josiah Crosby	92, 184, 191, 210, 220
【ケ】		
ケーシー	Richard Casey	77
ケネディ	Malcolm Kennedy	30
ゲロスウール	Maurice Alfred Gerothwohl	206
ケント	Sherman Kent	20
【コ】		
顧維鈞	こ いきん	75
胡適	こ てき	214, 218
コーエン	Morris Cohen	33
コックス	Melville James Cox	30
ゴドフリー	John Henry Godfrey	31
近衛文麿	このえ ふみまろ	69, 71, 124, 126, 131, 137, 166, 169, 189, 190, 194, 196, 198
近藤泰一郎	こんどう たいいちろう	108
近藤信竹	こんどう のぶたけ	67

人名		頁
【サ】		
サージェント	Oreme Sargent	187
サイモン	John Simon	47
酒井忠恕	さかい ただひろ	18
サッチャー	Margaret Thatcher	22
サフォード	Laurance Safford	106
沢田廉三	さわだ れんぞう	72
【シ】		
重光葵	しげみつ まもる	69, 103, 109, 117, 120, 127, 156, 179, 197, 198, 203, 204
幣原喜重郎	しではら きじゅうろう	166
蔣介石	しょう かいせき	60, 63, 79, 149, 152, 199, 212, 215, 216, 218
ジョージ六世	George VI	54
シンコフ	Abraham Sinkov	107
【ス】		
スウィントン	Lord Swinton	206
杉山元	すぎやま はじめ	149
スターク	Harold Rainsford Stark	125
スターマー	Heinrich Stahmer	73
スターリン	Joseph Stalin	116, 144, 146
スタインハート	Laurence Steinhardt	117, 129
スティーヴンソン	William Stephenson	51, 128
スティムソン	Henry Stimson	128, 145, 150, 215-217, 219
ステップトゥ	Harold Steptoe	31, 32
ストロング	George Veazey Strong	106
スメタニン	Constantin Smetanin	148

人名		頁
【セ】		
センピル	Lord Sempill	37, 206
【ソ】		
宋子文	そう しぶん	215, 218
ゾルゲ	Richard Sorge	28
【タ】		
辰巳栄一	たつみ えいいち	108
建川美次	たてかわ よしつぐ	149, 150
田中新一	たなか しんいち	90
ダルトン	Hugh Dalton	54, 98
【チ】		
チェンバレン	Neville Chamberlain	49, 56, 93, 203
チャーチル	Winston Churchill	33, 38, 46-51, 56-58, 63, 65-67, 80, 86, 100, 102, 108-110, 116, 118, 120, 142, 144, 155, 156, 160, 163, 173, 174, 178, 180, 188, 192-194, 197, 198, 201-203, 205, 206, 212-214, 217, 218, 220-224, 226, 228, 229-232
【ツ】		
土橋勇逸	つちはし ゆういつ	60
【テ】		
ディートリッヒ	Joseph Dietrich	193

人名		頁
ディレーク	Chaiyanam Direk	93, 210
デニストン	Alistair Denniston	48, 106, 193
デンハム	Geoffrey Denham	33
【ト】		
土居明夫	どい あきお	149
東郷茂徳	とうごう しげのり	217
東条英機	とうじょう ひでき	126, 149, 179, 209, 210
ドクー	Jean Decoux	70, 73, 75, 212
ドノヴァン	William Donovan	105
富永恭次	とみなが きょうじ	73, 74
戸村盛雄	とむら もりお	223
豊田貞次郎	とよだ ていじろう	169, 179, 183, 195-199, 204
ドライヤー	Frederick Dreyer	31
ドラウト	James Drought	122, 124, 126
【ナ】		
永積昭	ながづみ あきら	6
【ニ】		
西浦進	にしうら すすむ	59
西原一策	にしはら いっさく	73, 75, 78
【ノ】		
ノーブル	Percy Noble	70
ノックス	Frank Knox	145, 150, 215, 219
野村吉三郎	のむら きちさぶろう	124-126, 130-132, 137, 153, 164, 190, 217, 219

人名		頁
【ハ】		
パーシバル	Arthur Percival	223
パウンド	Dudley Pound	220
バトラー	Richard Austen Butler	48, 50, 64, 76, 80, 103, 122, 127, 172, 201
バトラー	Neville Butler	77, 106, 153, 168
バトラー	P.D.Butler	200
ハミルトン	Maxwell Hamilton	153
ハリファクス	Lord Halifax	61, 63, 65, 71, 72, 74, 81, 101, 102, 110, 122, 131-134, 137, 151-153, 158, 160, 164, 165, 168, 171-173, 185, 186, 213, 215, 218, 221
ハル	Cordell Hull	51, 52, 62, 77, 102, 122, 125, 126, 128, 130, 132-134, 136-139, 152, 164, 166, 170, 186, 196, 213-221
ハンキー	Maurice Hankey	54, 207
【ヒ】		
ピゴット	F.S.G. Piggott	30, 31, 204, 206
ヒトラー	Adolf Hitler	116, 144, 193
ピブン	Plaek Phibunsongkhram	90-92, 184, 191, 210
【フ】		
ファイス	Herbert Feis	183
フィッシャー	Warren Fisher	49

人名		頁
藤原岩市	ふじわら いわいち	209
二見甚郷	ふたみ じんごう	94
ブリッジス	Edward Bridges	49
ブルック＝ポハム	Robert Brooke-Popham	32, 222
フレミング	Ian Fleming	35
【ヘ】		
ベスト	Antony Best	204
ベネット	John Sterndale Bennett	48-50, 75-77, 131, 136, 149, 156, 182, 185, 190, 196, 199, 210
ヘンダーソン	Hector Henderson	73-75
【ホ】		
ボードワン	Paul Baudouin	70, 75
ホール	Noel Hall	168
ホーンベック	Stanley Hornbeck	77, 134, 146, 153, 161, 164
ホプキンス	Harry Hopkins	102, 146, 173
ホプキンス	Richard Hopkins	49
堀切善兵衛	ほりきり ぜんべい	221
【マ】		
マイスキー	Ivan Maisky	144
マクグラス	Commander McGrath	206
マコーマック	Alfred McCormack	52
松岡洋右	まつおか ようすけ	69-73, 78, 82, 91, 96, 103, 108, 114, 116-120, 129-133, 147-150, 155, 156, 159-161, 166, 169, 172, 179, 195, 196,

人名		頁
		198
松宮順	まつみや はじめ	72
マルタン	Maurice-Pierre Martin	75, 78
マローン	Cecil Malone	37
【ミ】		
ミュレリー	Bernard Mullaly	46-48, 51, 60, 99, 105
ミンギス	Stewart Menzies	47, 121, 161, 188, 193
【ム】		
ムッソリーニ	Benito Mussolini	221
武藤章	むとう あきら	126
【モ】		
モーゲンソー	Henry Morgenthau, Jr.	181
モートン	Desmond Morton	49, 76, 78, 80, 205
森鷗外	もり おうがい	18
森山優	もりやま あつし	150
【ヨ】		
米内光政	よない みつまさ	18, 69
【ラ】		
ラットランド	Frederick Rutland	36, 207
【リ】		
リース＝ロス	Frederick Leith-Ross	182, 207
リーパー	Reginald Leeper	48, 50
リップマン	Walter Lippmann	21, 22
リッベントロップ	Joachim von Ribbentrop	117, 145, 147

人名		頁
【レ】		
レーダー	Erich Raeder	107
【ロ】		
ロイド・ジョージ	David Lloyd George	206
ロウ	Richard Law	201
ロウドン	Alexander Loudon	214
ローズヴェルト	Franklin Roosevelt	51, 57, 71, 101, 102, 105, 110, 125, 137, 145, 146, 152, 158, 160, 163, 164, 171-173, 180, 185, 188-194, 198, 212, 217-219, 221
ローゼン	Leo Rosen	107
ロシアン	Lord Lothian	61, 62, 71, 72, 74, 77, 105
【ワ】		
ワイズマン	William Wiseman	128
ワイナント	John Winant	122, 151

（注）煩雑を避けるため、見開き頁にわたって登場する人名については前頁のみ記した

注

まえがき

1. 永積昭『月は東に日は西に』（同文舘出版、1987年）、88頁
2. GC & CS（政府暗号学校）の通信傍受情報については、HW 12 シリーズ、MI5 の防諜活動については KV シリーズとして公開が進んでいる。この史料開示による代表的な研究としては、Best, Antony, *British Intelligence and the Japanese Challenge in Asia, 1914-1941* (New York: Palgrave 2002)

第一章

1. 春木良且『情報って何だろう』（岩波ジュニア新書、2004年）、5頁
2. ケント、シャーマン（並木均監訳、熊谷直樹訳）『戦略インテリジェンス論』（原書房、2015年）、15頁
3. 同上
4. リップマン、ウォルター（掛川トミ子訳）『世論』（上）（岩波文庫、1987年）、47頁
5. リップマン（下）、237頁
6. Hughes-Wilson, John, *Military Intelligence Blunders* (New York: Carroll & Graf Publishers 1999), pp.260-307

第二章

1. Aldrich, Richard, *Intelligence and the War against Japan* (Cambridge University Press 2000)（会田弘継訳『日・米・英「諜報機関」の太平洋戦争』（光文社、2003年））, p.30
2. Eden to Churchill, 17 Sep 1941, PREM 3/252/5, TNA（英国公文書館）
3. Note of the tour of RAF and Combined Intelligence Organization in the Far East, 30 Jun 1938, AIR 20/374, TNA
4. Tour of intel org. F.E, 1938,wing commander, H.E.P.Wigglesworth, AIR 20/374, TNA
5. C-in-C Far East to Air Ministry, 6 Jan 1941, WO 193/920, TNA
6. カナダ国籍を持つコーエンは国民党の用心棒として雇われており、そこから情報を収集していた。Best, *British Intelligence and the Japanese Challenge in Asia, 1914-1941*, p.9

7. Aldrich, *Intelligence and the War against Japan*, p. 20
8. Ferris, John, 'Worth of Some Better Enemy? The British Estimate of the Imperial Japanese Army, 1919-41, and the Fall of Singapore' (*Canadian Journal of History*, 28 August 1993), p. 230
9. Report by Lt. Colonel I. Kerth, Jan 1937, WO208/1445; MI2, WO 106/5684, TNA
10. Efficiency of the Japanese Navy, ADM 116/3862, TNA
11. Estimated Strength of First Line Aircraft, Feb 1939, ADM 116/4393, TNA
12. Richards, D. & Saunders, H., *Royal Air Force 1939-1945* (London: HMSO 1954), p. 11
13. 小谷賢「日本海軍とラットランド英空軍少佐」（軍事史学編『軍事史学』150 号、2002 年 9 月）
14. Green's interview with Daily Worker, 22 Dec 1937, HW 37/1, TNA
15. Smith, Michael, *The Emperor's Codes* (London: Bantam Press 2000), p.18
16. Best, *British Intelligence and the Japanese Challenge in Asia*, p.149
17. BJ 073458, 26 Jan 1939, HW 12/235, TNA
18. 英極東戦略が対日抑止も宥和も行わなかったのは、ホワイトホールの怠慢であったのか、もしくは熟慮の結果であったのかについては現在も議論が続いている。
19. 日本の外交暗号、通称「レッド」や「パープル」は主に GC & CS が解読していたため、FECB は日本海軍の暗号に重点をおいて傍受していたと考えられる。
20. Potential Strength of Japanese Forces for an Attack on Malaya, AIR 23/1865, TNA
21. Warning of Attack on Singapore 18, 21 Aug 1941, AIR 23/1865, TNA
22. Aldrich, *Intelligence and the War against Japan*, pp.60-67
23. FECB Intelligence Summary, 9 Dec 1940, WO 208/888, TNA

第三章

1. Andrew, Christopher, *Secret Service* (London: Heinemann 1985), p.421
2. JIC の下で Junior JIC と呼ばれる組織が JIC の活動を補佐していたが、この組織に関する詳細は明らかでない。JIC (41) 16, 10 June 1941, CAB81/87, TNA
3.MI6 については以下を参照。ジェフリー、キース（髙山祥子訳）『MI6 秘録』（筑摩書房、2013 年）、Andrew, Christopher, *Secret Service*; Deacon,

Richard, *British Secret Service* (London: Graford Books Ltd 1991); West, Nigel, *MI6* (London: Weidenfeld and Nicolson 1983)
4. BJs to PrimeMinister, HW1/1 - 310, TNA; Andrew, Christopher, 'Churchill and Intelligence', (*Intelligence and National Security*, 3/3, July 1988), p.189
5. Viscount Simon, *Retrospect* (Hutchinson 1952), p.188
6. Jan 1935 – Mar 1941, HW 37/1, TNA
7. D&R, Berkeley Street, HW 12/336, TNA
8. Distribution of Political Intelligence Report, 3 Dec 1940, W11884/192/50, FO 371/25236, TNA
9. Stinnett, Robert, *Day of Deceit* (New York: The Free Press, 2000)（妹尾作太男監訳『真珠湾の真実』（文藝春秋、2001 年））, pp.307-308
10. 'C' to Prime Minister, C/6863, 24 Jun 1941, HW1/6, TNA ; BSC については、West, Nigel (introduction), *British Security Coordination* (Stirlingshire: St Ermin's Press 1998) を参照。
11. 英内閣書記官長ブリッジスですら 1941 年には 6048 通のＢＪに目を通さなければならなかったから、ハルのマジックに関する苦労は大変なものであっただろう。D&R Berkeley Street, HW 12/336, TNA
12. ウールステッター、ロベルタ（岩島久夫・斐子訳）『パールハーバー』（読売新聞社、1987 年）、377 頁
13. Aldrich, *Intelligence and the War against Japan*, p.243
14. 日本の暗号解読活動に関しては、小谷賢『日本軍のインテリジェンス』（講談社選書メチエ、2007 年）、森山優「戦前期における日本の暗号解読能力に関する基礎研究」（『国際関係・比較文化研究』3(1), 15-37, 2004.9)、宮杉浩泰「戦前期日本の暗号解読情報の伝達ルート」（『日本歴史』(703), 56-72, 2006.12)、宮杉浩泰「第二次大戦期日本の暗号解読における欧州各国との提携 」（『インテリジェンス』(9), 60-68, 2007.11）などを参照。
15. Distribution of Secret Print, FO 371/27890, TNA

第四章

1. War Cabinet Minutes, 6 Feb 1941, CAB 65/17, TNA
2. 木戸日記研究会・日本近代史料研究会「西浦進氏談話速記録」下、267-268 頁
3. 防衛庁防衛研修所戦史室『戦史叢書　大本営海軍部・聯合艦隊』〈１〉（朝雲新聞社、1975 年)、442-443 頁
4. 日本国際政治学会編『太平洋戦争への道』６（朝日新聞社、1963 年)、27

頁

5. Tokyo to Foreign Office, 19 Jun 1940, F3432/23/23, FO 371/24725, TNA

6. Halifax to Lothian, 25 Jun 1941, F3465/23/23, FO 371/24725, TNA

7. *Foreign Relations of the United States (FRUS)*, 1941 IV (Washington: Government Printing Office 1956), p.40

8. BJ 081736, 1 Jul 1940, HW 12/254, TNA

9. BJ 081813, 4 Jul 1940, HW 12/254, TNA

10. Weekly Political Intelligence Summary (WPIS), 2 Jul 1940, W 8451/192/50, FO 371/25235, TNA

11. Best, Antony, *Britain, Japan and Pearl Harbor* (London: Routledge 1995), pp. 102-107

12. WP (40) 249, 4 Jul 1940, CAB 66/9, TNA

13. WP (40)256, 9 Jul 1940, CAB 66/9, TNA

14. Minutes of Butler, 23 Jul 1940, F3633/193/61, FO 371/24708, TNA

15. Tokyo to London, 9 Jul 1940, F3568/43/10, FO 371/24667, TNA

16. WM 199 (40), 10 Jul 1940, CAB 65/8, TNA

17. WM 199 (40), 10 Jul 1940, CAB 65/8, TNA

18. BJ 082392, 31 Jul 1940, HW 12/254, TNA

19. Minutes of the Prime Minister, 31 Jul 1941, CAB 65/14, TNA

20. COS (40) 592, 31 Jul 1940, CAB 66/10, TNA

21. オートメドン号事件については、Roskill, S. W., *The War at Sea 1939-1945*, (London: HMSO 1954) vol.1, p.282; Chapman, J. W. M., 'Japanese Intelligence, 1918-1945, A Suitable Case for Treatment', (in Andrew, Christopher and Noaks, Jeremy (eds.), *Intelligence and International Relations 1900-1945* (University of Exeter 1987)), pp.160-161; Aldrich, *Intelligence and War against Japan*, p.46

22. これに対して森山優は、オートメドン号情報が日本側に与えた影響は限定的であったと論じている。森山優『日米開戦と情報戦』（講談社現代新書、2016年）、111頁

23. 大橋忠一『太平洋戦争由来記』（ゆまに書房、2002年）、39頁

24. Minutes of Butler, 19 Jul 1941, F3593/17/23, FO 371/24723, TNA

25. 参謀本部編『杉山メモ』（上）（原書房、1987年）、5－10頁

26. 外務省外交資料館『支那事変　仏領印度支那進駐問題』松岡、アンリー正式交渉開始ヨリ妥結マデ／1 昭和15年8月1日から昭和15年8月8日

27. Baudouin, Paul, *The Private Diaries of Paul Baudouin* (London: Eyre & Spottiswoode 1948), p.199

28. Singapore Conference 1939, WS 2176, L/W/S/1/177, British Library; Tarling, Nicholas, 'The British and the First Japanese Move into Indo-China', (*Journal of Southeast Asian Studies*, 21/1, March 1990), p.38

29. BJ 082514, 5 Aug 1940, HW 12/255, TNA

30. WPIS, 6 Aug 1940, W 9014/192/50, FO 371/25235, TNA

31. *FRUS*, 1940, vol.IV, pp.63-4

32. Washington to Foreign Office, 5 Aug 1940, F3710/3429/61, FO 371/24719, TNA

33. *FRUS*, 1940, vol.IV, p.68, 防衛庁防衛研修所戦史室『戦史叢書　大本営陸軍部　大東亜戦争開戦経緯』〈2〉（朝雲新聞社、1973 年)、25 頁

34. WM (40) 221, 7 Aug 1940, CAB 66/10, TNA

35. Telegram, 9 Aug 1940, F 3710/3429/61, FO 371/24719, TNA

36. 軍事史学会編『機密戦争日誌』（上）（錦正社、1998 年)、17 頁

37. 「仏印問題経緯（其ノ一)」（防衛研究所戦史研究センター）

38. Kotani, Ken, "Could Japan read the Allied Signal Traffic? : Japanese Codebreaking and the Advance into French Indo-China, September 1940", (*Intelligence and National Security*, 20/2, June 2005).

39. BJ 082724, 15 Aug 1940, HW 12/255, TNA; *The Times*, 17 Aug 1940

40. WPIS, 20 Aug 1940, W 9014/192/50, FO 371/25235, TNA

41. Tokyo to Foreign Office, 18 Jul 1940, F3636/626/23, FO 371/24736, TNA

42. Minutes by Ashley Clarke, 25 Sep 1940, F4347/626/23, FO 371/24736, TNA

43. WPIS, 20 Aug 1940, W 9014/192/50, FO 371/25235, TNA

44. Hanoi to London, 1 Sep 1940, F4109/3429/61, FO 371/24719, TNA

45. London to Tokyo, 3 Sep 1940, F4109/3429/61, FO 371/24719, TNA

46. WPIS, 4 Sep 1940, W 9909/192/50, FO 371/25235, TNA

47. Telegram, 4 Sep 1940, F4109/3429/61, FO 371/24719, TNA

48. London to Washington, 5 Sep 1940, F4109/3429/61, FO 371/24719, TNA

49. JIC (40) 266, 5 Sep 1940, FO 371/24719, TNA

50. Haiphong to London, 7 Sep 1940, F4204/3429/6, FO 371/24719, TNA

51. Minutes of Bennett, 9 Sep 1940, F4204/3429/61, FO 371/24719, TNA

52. Assistance for Indo-China, 5 Sep 1940, F4219, FO 371/24719, TNA

53. Minutes of Bennett, 5 Sep 1940, F4219, FO 371/24719, TNA

54. モートンはチャーチルの情報アドヴァイザーであった。委員会メンバーとしては外務省、戦時経済省、陸海空軍からそれぞれ中堅官僚が参加していた。
55. Memorandum for circulation to the Committee on Foreign (Allied) Resistance, 8 Sep 1940, F4219/3429/61, FO 371/24719, TNA
56. *FRUS*, 1940, vol. V, p.112
57. *FRUS*, 1940, vol. V, p.116
58. *FRUS*, 1940, vol. V, p.120
59. London to Tokyo, 11 Sep 1940, FO 371/24719, TNA
60. Minutes of Bennett, 15 Sep 1940, F4126/3428/61, FO 371/24719, TNA
61. 松岡は軍部の通信傍受情報（特情）にしばしば目を通しており、在外公館に発した訓電においても特情と思われる情報を引用している。重光駐英大使によれば、「松岡は軍部の有する国際情報により多く信頼した」らしい。重光葵『昭和の動乱』（下）（中央公論社、1952 年)、22 頁
62. Tokyo to London, 17 Sep 1940, F4126/3429/61, FO 371/24719, TNA
63. CFR (40) 54, 19 Sep 1940, FO371/24719, TNA
64. BJ 083584, 20 Sep 1940, HW 12/256, TNA
65. Eden to Amery, 22 Sep 1940, F4248/G, FO 371/24719, TNA
66. WM 265 (40), 3 Oct 1940, CAB 65/9, TNA
67. WP (40) 484, 2 Oct 1940, CAB 66/14, TNA
68. FE (40) 3, 14 Oct 1940, CAB 96/1, TNA

第五章

1. Churchill to General Ismay, 7 Jan 1941, FO 371/27886, TNA.
2. Churchill to Seal, 11 Feb 1941, PREM 3/252/6A, TNA; Loewenheim, Francis L., Langley, Harold D., and Jonas, Manfred (ed.), *Roosevelt and Churchill; Their Secret Wartime Correspondence* (London; Barrie&Jenkins 1975) p.129
3. 防衛庁防衛研修所戦史室『戦史叢書　大本営陸軍部　大東亜戦争開戦経緯』〈３〉（朝雲新聞社、1973 年)、263 － 274 頁：Lowe, Peter, *Great Britain and the Origins of the Pacific War* (Oxford: Clarendon 1977), pp.220-228; Marder, Arthur, *Old Friends, New Enemie*s (Oxford: Clarendon 1981), pp.185-188
4. Craigie to Foreign Office, 4 Nov 1940, WO 208/874, TNA
5. Possible attack on NEI, Stevens (MI6) to MI2, 30 Dec 1940, cx.37502/386,

WO 208/874, TNA
6. BJ 086335, 21 Dec 1940, HW12/259, TNA
7. Smith, p.67
8.「田中新一日記」（防衛研究所戦史研究センター）
9.『杉山メモ』（上)、156 頁
10. BJ 086080, 13 Dec 1940, HW12/259, TNA
11. Aldrich, Richard, *The Key to the South* (Oxford University Press 1993), p.285
12. Telegram from Crosby, 10 Feb 1941, F710/210/40, FO 371/28120, TNA
13. BMIS 6/41, L/WS/1/96, WS1154, India Office Collection, British Library
14. BJ 088208, 1 May 1941, HW 12/262, TNA
15. BJ 088881, 19 Mar 1941, HW 12/262, TNA
16. Tarling, Nicholas, *Britain, Southeast Asia and the Onset of the Pacific War* (Cambridge University Press 1996), p.266
17. BJ 089219, 29 Mar 1941, HW 12/262, TNA
18. BJ 089769, 14 Apr 1941, HW 12/263, TNA
19.『機密戦争日誌』（上）63 頁、「泰国、仏領印度支那間国境紛争一件第一巻」（外務省外交史料館）
20.『機密戦争日誌』（上)、65 頁、『大東亜戦争開戦経緯』〈3〉、207 頁
21. China station war diary, 25 Jan 1941, ADM199/411, TNA
22. From COIS, Singapore to DNI, 0539z/ 25 Jan 1941, WO208/892; Weekly intelligence summary No.76, 22/1/41 to 29/1/41, WO 208/1901, TNA
23. The Japanese in Indo-China, No.18, 11 Feb 1941, WO 208/4556, TNA
24. From Consul Surabaya, 1 Feb 1941, F 523/523/23, FO371/27962, TNA
25.『朝日新聞』昭和 16 年 1 月 27 日。これに対するクレイギーの報告は、F460/12/23, FO371/27878, TNA
26. Craigie to Eden, 27 Jan 1941, F458/9/16, FO371/27760, TNA
27. WPIS, 29 Jan 1941, W918/53/50, FO 371/29135, TNA
28. Major Chapman minute, 9 Jun 1941, WO 208/855, TNA
29. *The Times*, Jan 30 1941
30. JIC (41) 55, 5 Feb 1941, CAB 81/100, TNA
31. Major Chapman, 16 May 1941, WO 208/885, TNA
32. Japanese Intentions, WO208/855, TNA
33. BJ 087509, 7 Feb 1941, HW12/261, TNA
34. Pimlott, Ben (ed.), *The Second World War Diary of Hugh Dalton 1940 –*

45 (London: Jonathan Cape 1986), p.154

35. Ministry of Economic Warfare, 10 Feb 1941, WO208/892, TNA
36. MI2 Report, 16 May 1941, WO208/855, TNA
37. Best, Antony, ''Straws in the Wind' : Britain and the February 1941 War-Scare in East Asia', (*Diplomacy & Statecraft*, 5/3, Nov 1994), p.652
38. Dilks, David (ed.), *The Diary of Sir Alexander Cadogan 1938-1945* (London: Cassell 1971), p.353
39. Major Chapman, 16 May, 1941, WO208/855, TNA
40. Morton to Prime Minister, 25 Mar 1941, PREM 7/7, TNA
41. Telegram from Secretary of State to Governor of Burma, 11 Feb 1941, L/WS/1/476, India Office Collection, (British Library, London)
42. JP (41) 95, 5 Feb 1941, CAB 84/27, TNA
43. Archer to Bennett, 4 Feb 1941, F/1005/17/23, FO371/27887, TNA
44. Eden to Craigie, 7 Feb 1941, F741/17/23, FO371/27886, TNA
45. Sherwood, Robert, *The White House Papers of Harry L Hopkins*, vol.1 (London: Eyre & Spottiswoode 1948), pp.258-259
46. Churchill to Roosevelt, 14 Feb 1941, F1068/17/23, FO 371/27887, TNA; Loewenheim, Langley and Jonas (eds.), p.129
47. Foreign Office to Tokyo, 7 Feb 1941, F648/17/23, FO 371/27886, TNA
48. 昭和 16 年 2 月 8 日「日英外交雑纂」（外務省外交資料館）
49. 昭和 16 年 2 月 17 日、同上
50. *The Times*, 15 Feb 1941
51. *Evening Standard*, 17 Feb 1941
52. Churchill, Winston, *The Second World War*, vol. III (London: Cassell 1950), p.158; BJ 087963, 21 Feb 1941, HW12/261, TNA
53. 『朝日新聞』昭和 16 年 2 月 14 日
54. Annex A, JIC (40) 263, 1 Sep 1940, CAB 81/98, TNA
55. Erskine, Ralph, 'Churchill and the Start of the Ultra-Magic Deals', (*International Journal of Intelligence and CounterIntelligence*, 10/1, 1997), p.38
56. Smith, pp.72-73
57. Annex A, JIC (40) 263, 1 Sep 1940, CAB 81/98, TNA
58. Ref. No. 2836, 15 Nov 1940, HW14/8, TNA
59. Erskine, p.59
60. Mr. Butler, 18 Dec 1940, No. 3154, HW14/45, TNA

61. No. 3304, 1 Feb 1941, The Director, American Visit, HW14/45, TNA
62. Currier, Prescott, 'My "Purple" Trip to England in 1941', (*Cryptologia,* 20/3, July 1996), pp.194-198
63. BJ 087742, 087743, 087744, 087780, HW12/261, TNA
64. 在独日本大使館からの情報が連合国側に利用されていた事実に関しては、Boyd, Carl, *Hitler's Japanese Confidant* (University Press of Kansas 1993) を参照。
65. BJ 089009, 23 Mar 1941, HW 12/262, TNA
66. BJ 087754, 15 Feb 1941, HW12/261, TNA
67. Dilks, p.355; Churchill, p.158
68. 日本大使館の盗聴記録は 2013 年になって公開された。General Tatsumi telephoned Captain Kondo, 15 February 1941, FO 1093/315, TNA
69. Best, 'Straws in the Wind', p.658
70. 16 Feb 1941, PREM3 252/6A, TNA
71. BJ 087828, 17 Feb 1941, HW12/261, TNA
72. この時期 GC & CS が解読したパープル暗号の中には、松岡の訪欧についての記述が見当たらないため、チャーチルはこの伊外交通信から情報を得たと考えられる。
73. BJ 087916, 20 Feb 1941, HW 12/261, TNA
74. Denniston, Robin, 'Diplomatic Eavesdropping, 1922-44: A New Discovered', (*Intelligence and National Security*, 10/3, July 1995), p.441
75. Aldrich, *The Key to the South*, p.295
76. イギリスのアメリカ巻き込みについては、英情報部の米支部とも言える BSC (British Security Coordination) が別に活動していた。BSC については、本文 51 頁及び第三章注 10 を参照。

第六章

1. Far Eastern Policy, 18 Feb 1941, FO 371/27892, TNA
2. BJ 088822, 18 Mar 1941, HW 12/262, TNA
3. Minutes of Clarke, 2 Apr 1941, F2522/17/23, FO 371/27889, TNA
4. BJ 089009, 23 Mar 1941, HW 12/262, TNA
5. BJ 089433, 4 Apr 1941, HW 12/263, TNA
6. BJ 089752, 13 Apr 1941, HW 12/263, TNA
7. Japan, the Axis and the War, 16 Apr 1941, NID 001329141, ADM 223/495, TNA

8. Prime Minister's message to Mr. Matsuoka, 1 Apr 1941, PREM 3/252/2, F2554/G, FO 371/27889, TNA
9. Churchill, p.167
10. Matsuoka to Churchill, 22 Apr 1941, F3424/17/23, FO 371/27891, TNA
11. Eden to Craigie, 25 Apr 1941, F3424/17/23, FO 371/27891, TNA
12. 三輪公忠「松岡外交の真意」（三輪公忠・戸部良一編『日本の岐路と松岡外交』（南窓社、1993年））、26頁。三宅正樹「日独伊三国同盟とユーラシア大陸ブロック構想」（平成22年度戦争史研究国際フォーラム報告書）
13. Tokyo to Foreign Office, 13 Apr 1941, F2937/17/23, FO 371/27890, TNA；伊藤隆、渡邊行男編『重光葵手記』（中央公論社、1986年）、256－7頁
14. FE (41) 13, 17 Apr 1941, CAB 96/2, TNA
15. JIC (41) 155, 17 Apr 1941, CAB 81/101, TNA
16. WPIS, 23 Apr 1941, W 4881/53/50, FO 371/29135, TNA
17. Anglo-US Cooperation in the Far East, 20 Apr 1941, FO 371/27890, TNA
18. Foreign Office to Washington, 20 Apr 1941, F3174, FO 371/27890, TNA
19. Minutes of Butler, 28 Apr 1941, F3424/17/23, FO 371/27891, TNA
20. 野村吉三郎『米国に使して』（岩波書店、1946年）、20頁
21. 須藤眞志『日米開戦外交の研究』（慶應通信、1986年）、4－6頁
22. Stoler, Mark, *Allies and Adversaries* (University of North Carolina Press 2000), p.32
23. Hull, Cordell, *The Memoirs of Cordell Hull*, vol. II (New York: Macmillan 1948), p.995
24.「陸軍中将武藤章手記」（防衛研究所戦史研究センター史料室）、岩畔豪雄「私が参加した日米交渉」（防衛研究所戦史研究センター史料室）
25. 昭和16年4月17日「日米外交関係雑纂　第一巻」（外務省外交史料館）
26. 大橋、112頁、近衛文麿『平和への努力』（日本電報通信社、1946年）、75頁
27.『機密戦争日誌』（上）、95頁
28. 日米交渉に関する研究は多数あるが、例えば、上記須藤氏の著作に加え、日本国際政治学会編『太平洋戦争への道』7（朝日新聞社、1963年）、細谷千博「外務省と駐米大使館　1940－41年」（細谷千博編『日米関係史開戦に至る十年　1931－41年』1（東京大学出版会、1971年））、塩崎弘明『日英米戦争の岐路』（山川出版社、1984年）、森山優『日米開戦の政

治過程』（吉川弘文館、1998 年） Beard, Charles, *President Roosevelt and the Coming of the War* (Yale University Press, 1948); Butow, R.J.C., *The John Doe Associates* (Stanford University Press 1974); マジックが日米交渉に果たした役割を論じたものとしては、Farago, Ladislas, *The Broken Seal* (New York: Random House 1967); Komatsu, Keiichiro, *Origins of the Pacific War and the Importance of 'Magic'* (Surrey: Japan Library 1999)（小松啓一郎『暗号名はマジック』（ＫＫベストセラーズ、2003 年））。

29. FE(41)16, 8 May 1941, CAB 96/2, TNA
30. Reynolds, David, *The Creation of the Anglo-American Alliance 1937-1941*, (The University of North Carolina Press 1982), p.230
31. BSC については本文 51 頁及び第三章注 10 を参照。
32. 塩崎、160 頁
33. 例えば、BJ 091080, 17 May 1941, BJ 091364, 23 May 1941, HW 12/264, BJ 091660, 1 Jun 1941, BJ 92380, 20 Jun 1941, HW 12/265, TNA
34. BJ 091080, 17 May 1941, HW 12/264, TNA；原文は、外務省編『日本外交文書　日米交渉　上巻』（文天閣、1990 年）、54 頁
35. WM55 (41), 28 May 1941, CAB 65/18, TNA
36. 須藤、126 頁
37. BJ 091104, 17 May 1941, HW 12/264, TNA
38. Tokyo to London, 18 May 1941, F4158/86/23, FO 371/27908, TNA
39. WPIS, 21 May 1941, W6191/53/50, FO 371/29135, TNA
40. Draft of Clarke, 19 May 1941, F4187/12/23, FO 371/27880, TNA
41. Draft of Bennett, 26 May 1941, F 4193/86/23, FO 371/27908, TNA
42. WPIS, 21 May 1941, W 6191/53/50, FO 371/29135, TNA
43. Foreign Office to Washington, 21 May 1941, F4187/12/23, FO 371/27880, TNA
44. Washington to London, 24 May 1941, F4430, FO 371/27908, TNA
45. London to Washington, 26 May 1941, F4430/86/23, FO 371/27908, TNA
46. *FRUS* 1941 IV, p.210
47. Department of Defense, *The "MAGIC" Background of Pearl Harbor*, vol. II (May 12, 1941 – August 6, 1941), (Washington: US Government Printing Office 1977), pp.3-6
48. Tokyo to Foreign Office, 2 May 1941, FO 371/28908, TNA
49. Minutes of Ashley Clarke, F4570/86/23, FO 371/27909, TNA
50. WPIS, 28 May 1941, W 6514/53/50, FO 371/29135, TNA

51. Draft of Clarke, 26 May 1941, F4430/86/23, FO 371/27908, TNA
52. ホーンベックの対日観に関しては、須藤、203 － 230 頁を参照。
53. Washington to London, 27 May 1941, F4570/86/23, FO 371/27908, TNA
54. JIC (41) 155, 17 Apr 1941, Future strategy of Japan, CAB 81/101, TNA
55. JIC (41) 155, 17 Apr 1941, Future strategy of Japan, CAB 81/101; Directive by the Prime Minister and Minister of Defence, 28 Apr 1941, PREM 3/156/6, TNA; チャーチルは独軍の英本土上陸が成功しない限り、日本が戦争に訴えることはないと考えていた。
56. FO Memo, 11 Oct 1941, F10598/1299/23, FO 371/27984, TNA
57. BJ 095098, 4 Sep 1941, HW 12/268, TNA
58. Washington to Foreign Office, 9 Sep 1941, F9173/86/23, FO 371/27910, TNA
59. Washington to Foreign Office, 4 Oct 1941, F10329/86/23, FO 371/27910, TNA
60. Minutes of Ashley Clarke, 6 Oct 1941, F10329/86/23, FO 371/27910, TNA
61. Hull, p.994

第七章

1. 秋野豊『偽りの同盟』（勁草書房、1998 年）、25 頁
2. Smith, Bradley, *Sharing Secrets with Stalin* (University Press of Kansas 1996), p.42
3. 義井博『日独伊三国同盟と日米関係（増補版）』（南窓社、1987 年）、138 頁
4. シャーウッド、ロバート（村上光彦訳）『ルーズヴェルトとホプキンズ』 I （みすず書房、1957 年）、343 頁
5. Stoler, pp.55-6
6. *FRUS* 1941 IV, p.428
7. BJ 092418, 21 Jun 1941, HW 12/265, TNA
8. BJ 092418, 21 Jun 1941, HW 12/265, TNA
9. BJ 092959, 24 Jun 1941, HW 12/265, TNA
10. BJ 092445, 23 Jun 1941, HW 12/265, TNA
11. 防衛庁防衛研修所戦史室『戦史叢書　大本営陸軍部　大東亜戦争開戦経緯』〈4〉（朝雲新聞社、1972 － 5 年）、129 頁
12. DNI to Singapore, 21 Jun 1941, ADM 199/1474, TNA

13. BJ 092664, 28 Jun 1941, HW 12/265, TNA
14. WPIS, 25 Jun 1941, W7824/53/50, FO 371/29135, TNA
15. Memo of Bennett, 25 Jun 1941, F5508/12/23, FO 371/27881, TNA
16. COS (41) 224, 25 Jun 1941, CAB 79/12, TNA
17. 『杉山メモ』（上）、254 － 260 頁
18. BJ 092889, 4 Jul 1941, HW 12/266, TNA
19. BJ 092911, 5 Jul 1941, HW 12/266, TNA
20. BJ 092766, 1 Jul 1941, HW 12/266, TNA
21. 森山『日米開戦と情報戦』、212 頁
22. F 5883/523/G, 4 Jul 1941, FO 371/27892, TNA
23. FE (41) 25, 4 Jul 1941, CAB 96/2, TNA
24. 『大東亜戦争開戦経緯』〈4〉、337 頁
25. ファイス、ハーバート（大窪愿二訳）『真珠湾への道』（みすず書房、1956 年）、198 頁
26. War Cabinet Distribution, 3 Jul 1941, F5868/12/23, FO 371/27881, TNA, *FRUS* 1941 IV, (Washington: Government Printing Office 1956), p.289
27. F 5883/523/G, 4 Jul 1941, FO 371/27892, TNA
28. *New York Times*, 5 Jul 1941; FW 711.94/217-2/18, RG 59, Department of State, NARA（米国国立公文書館）
29. Eden to Craigie, 4 Jul 1941, FO 371/27892, TNA
30. 『機密戦争日誌』（上）、127 頁
31. 大橋、165 頁
32. 木戸幸一『木戸幸一日記　下巻』（東京大学出版会、1966 年）、888 頁
33. Memorandum of Bennett, 29 Jul 1941, F7459/1299/23, FO 371/27975, TNA
34. WM 66 (41), 7 Jul 1941, CAB 65/18, TNA
35. War Cabinet Conclusion 66 (41) 4, 7 Jul 1941, CAB 65/19, TNA
36. BJ 093218, 14 Jul 1941, HW 12/266, TNA, アメリカもこの情報を解読している。ファイス、205 頁
37. JP (41) 550, 15 Jul, 1941, PREM 7/1, TNA
38. F6101/523/G, War Cabinet Distribution, 13 Jul 1941, FO 371/27881, TNA
39. F6272, War Cabinet Distribution, 14 Jul 1941, FO 371/27882, TNA; FRUS IV, p.826
40. Dilks, David, *The Diaries of Sir Alexander Cadogan*, (New York: Putnam 1972), p.392

41. *FRUS*, 1941 IV, p.829
42. Dilks, p.393
43. FE (41) 26, 17 Jul 1941, CAB 96/2, TNA
44. FE (41) 26, 17 Jul 1941, CAB 96/2, TNA
45. Treasury, 20 Aug 1941, PREM 3/252/6A, TNA
46. Prime Minister's personal minutes, No. M.745/1, 16 Jul 1941, CAB 79/13, TNA
47. Wilson, T. A., *The First Summit*, (University Press of Kansas 1991), p.22
48. WP(41)172, 20 Jul 1941, CAB 66/17, TNA
49. Hull, p.1013
50. War Cabinet Distribution, 15 Jul 1941, PREM 7/1, TNA
51. War Cabinet Distribution, 15 Jul 1941, F 6291, FO 371/27972, TNA
52. Reynolds, p.237
53. 幣原喜重郎『外交五十年』（中央公論新社、1987年)、218頁
54. 防衛庁防衛研修所戦史室『戦史叢書　関東軍〈1〉対ソ戦備　ノモンハン事件』（朝雲新聞社、1969年)、20頁
55. BJ 093583, 23 Jul 1941, HW 12/266, TNA
56. BJ 093431, 19 Jul 1941, HW 12/266, TNA
57. War Cabinet Distribution, 17 Jul 1941, F 6408, FO 371/27972, TNA
58. Washington to Foreign Office, 19 Jul 1941, FO 371/27972, TNA
59. Washington to Foreign Office, 21 Jul 1941, FO 371/27972, TNA
60. WM (41) 72, 21 Jul 1941, CAB 65/19, TNA
61. *FRUS*, 1941, IV, p.841
62. アチソン、ディーン（吉沢清次郎訳）『アチソン回顧録』1（恒文社、1979年)、45頁
63. Tokyo to Foreign Office, 19 Jul 1941, F6602/33/23, FO 371/27905, TNA
64. BJ 093463, 093479, 21 Jul 1941, HW 12/266, TNA
65. FE (41) 27, 24 Jul 1941, CAB 96/2, TNA: アメリカ側でも豊田外相への期待は薄かった。須藤、168頁
66. BJ 093551, 22 Jul 1941, HW 12/266, TNA
67. 実松、610頁
68. 実松、lxxvi頁
69. BJ 093656, 25 Jul 1941, HW 12/266, TNA
70.『大東亜戦争開戦経緯』〈4〉、359頁
71. *The Times*, 28 Jul 1941

72. BJ 093897, 31 Jul 1941, HW 12/266, TNA
73.『機密戦争日誌』（上）、136 頁
74. これについては様々な議論がある。森山『日米開戦と情報戦』、232 － 7 頁を参照。
75. JIC(41)55, 5 Feb 1941, CAB 81/100, TNA
76. F/1005/17/23, FO 371/27887, TNA

第八章

1. Tokyo to Foreign Office, 11 Sep 1941, F9164/12/23, FO 371/27882, TNA
2. *The Times*, 29 Jul 1941
3. *New York Times*, 28 Jul 1941
4.『大阪朝日新聞』昭和 16 年 8 月 3 日
5. MEW to Washington, 24 Jul 1941, F6837/18/23, FO 371/27898, TNA
6. Troutbeck to Clarke, 13 Aug 1941, F8019/1299/23, TNA 371/27976, TNA
7. Washington to London, 20 Aug 1941, F8127/1299/23, FO 371/27976, TNA
8. Neumann, William, 'How American Policy toward Japan Contributed to War in the Pacific', in Barnes, Harry, *Perpetual War for Perpetual Peace* (Idaho: Caxton Printers Ltd. 1953), pp.260-265
9. Foreign Office to Tokyo, 11 Aug 1941, FO 371/27975, TNA：明確に許可されていたものとしては、インドの綿、東南アジアのコプラ、ジュート、それに食品類が挙げられる。
10. Leith-Ross to Bennett, 31 Jul 1941, F7153/1299/23, FO 371/27973, TNA
11. Minutes of Ashley Clarke, 20 Aug 1941, F7985/86/23, FO 371/27909, TNA
12. ファイス、211 頁
13. BJ 092418, 21 Jun 1941, HW 12/265, TNA
14. WPIS, 30 Jul 1941, W 9323/53/50, FO 371/29136, TNA
15. BJ 093583, 23 Jul 1941, HW 12/266, TNA
16. WPIS, 23 Jul 1941, W 9321/53/50, FO 371/29136, TNA
17. Bangkok to Foreign Office, 26 Jul 1941, F6870/246/40, FO 371/27974, TNA
18. FE (41) 23, 31 Jul 1941, CAB 96/2, TNA
19. Foreign Office to Washington, 1 Aug 1941, F7169/523/G, FO 371/27974, TNA
20. FE (41) 168, 4 Aug 1941, CAB 96/4, TNA

21. Washington to Foreign Office, 3 Aug 1941, F7211/299/23, FO 371/27974, TNA
22. WPIS, 30 Jul 1941, W 9323/53/50, FO 371/29136, TNA
23. JIC (41) 309, 2 Aug 1941, CAB 81/103, TNA
24. COS (41) 474, 5 Aug 1941, CAB 80/39, TNA
25. マタドール作戦については、Chung, O. C., *Operation Matador* (Singapore: Times Academic Press 1998) を参照。
26. *News Chronicle*, 7 Aug 1941
27. FE (41) 30, 14 Aug 1941, CAB 96/2, TNA
28. COS (41) 279, 7 Aug 1941, CAB 121/113, TNA
29. 『大東亜戦争開戦経緯』〈4〉、429 − 30 頁
30. Minutes of Bennett, 8 Aug 1941, F8634/1299/23, FO 371/27978, TNA
31. Minutes of Sargent, 13 Aug 1941, F7433/1299/23, FO 371/27974, TNA
32. Best, *Britain, Japan and Pearl Harbor*, p.167
33. Welles, Sumner, *The Time for Decision* (New York: Harper & Brothers Publishers, 1944), pp.175-177; Kimball, W. F., (ed), *Churchill and Roosevelt*, vol.1 (Princeton UP 1984), R-52x, p.225
34. シャーウッド、384 頁
35. Dilks, p.397
36. Dilks, p.399
37. Churchill, pp.396-400; Minutes of Bennett, 20 Aug 1941, F8031/1299/23, FO 371/27976, TNA
38. WM (41) 84, 19 Aug 1941, CAB 65/23, TNA
39. Tarling, Nicholas, *Britain, Southeast Asia and the Onset of the Pacific War* (Cambridge University Press 1996), p. 287; 日本国際政治学会編『太平洋戦争への道』7、417-20 頁
40. 日本国際政治学会編『太平洋戦争への道』7、261 頁
41. Washington to Foreign Office, 22 Aug 1941, F8218/86/23, FO 371/27909, TNA
42. 『大東亜戦争開戦経緯』〈4〉、440 − 41 頁
43. Minutes of Bennett, 23 Aug 1941, F8218/86/23, FO 371/27909, TNA
44. Minutes of Eden, 20 Aug 1941, F8195/1299/23, FO 371/27977, TNA
45. BJ 094473, 16 Aug 1941, HW 12/266, TNA
46. Bangkok to Foreign Office, 23 Aug 1941, CAB 121/113, TNA
47. WPIS, 14 Aug 1941, W 9974/53/50, FO 371/29136, TNA

48. WPIS, 21 Aug 1941, W 10266/53/50, FO 371/29136, TNA
49. FRUS, 1941, IV, p.393
50. Foreign Office Minutes, 25 Aug 1941, F3457/17/23, FO 371/27892, TNA
51. Minutes of Bennett, 2 Sep 1941, F8226/86/23, FO 371/27893, TNA
52. Tansill, Charles, *Back Door to War* (Chicago: Regnery 1952), p.640
53. BJ 094723, 23 Aug 1941, HW 12/267, TNA
54. 義井みどり「日独伊共同行動協定の締結とドイツの対米宣戦布告」（日本国際政治学会編『国際政治』第 91 号 1989 年 5 月）
55. BJ 094723, 23 Aug 1941, HW 1/25, TNA
56. 『大東亜戦争開戦経緯』〈4〉、455 － 6 頁
57. 『杉山メモ』（上）、300 頁
58. Tokyo to Foreign Office, 3 Sep 1941, F8814/86/23, FO 371/27909, TNA
59. 日本国際政治学会編『太平洋戦争への道』7、235 頁
60. BJ 094630, 20 Aug 1941, HW 12/266, TNA
61. FO Memorandum, 4 Sep 1941, F8985/1299/23, FO 371/27979, TNA
62. FO Memorandum, 4 Sep 1941, F8985/1299/23, FO 371/27979, TNA
63. Washington to Foreign Office, 9 Sep 1941, CAB 121/114, TNA
64. Draft for the Cabinet, 4 Sep 1941, F8985/1299/23, FO 371/27979, TNA
65. Eden's minutes, 12 Sep 1941, PREM3/252/6A, TNA
66. Prime Minister to Prime Minister of Australia, 24 Oct 1941, CAB 121/114, TNA
67. WM (41) 94, 18 Sep 1941, CAB 65/19, TNA
68. Tokyo to Foreign Office, 11 Sep 1941, F9164/12/23, FO 371/27882, TNA
69. Tokyo to Foreign Office, 11 Sep 1941, F9172/12/23, FO 371/27882, TNA
70. BJ 095098, 2 Sep 1941, HW 12/268, TNA
71. WPIS, 21 Aug 1941, W 10266/53/50, FO 371/29136, TNA
72. Minutes of Bennett, 15 Sep 1941, F9172/12/23, FO 371/27882, TNA
73. Foreign Office to Tokyo, 18 Sep 1941, F9127/12/23, FO 371/27882, TNA
74. Minutes of Bennett, 1 Oct 1941, F10117/12/23, FO 371/27882, TNA
75. Annex III, JP (41) 816, 7 Oct 1941, CAB 121/113, TNA
76. Law to Eden, 6 Oct 1940, F10456/1299/23, FO 371/27984, TNA
77. Andrew, 'Churchill and Intelligence', p.189; BJs to Prime Minister, HW 1/1 - 310, TNA
78. BJ 095098, 2 Sep 1941, HW 12/268, TNA
79. Craigie to Eden, 4 Feb 1943, PREM 3/158/4, TNA

80. クレイギーは外務省とは不仲であり、むしろ大蔵省の人脈に近いものがあった：Watt, D. C., 'Chamberlain's Ambassador', in Dockrill, Michael (ed.), *Diplomacy and World Power* (Cambridge UP 1996), p.142
81. BJ 096385, 10 Oct 1941, HW 12/269, TNA
82. ベスト、アントニー（武田知己訳）『大英帝国の親日派』（中公叢書、2015年）、201頁
83. Memorandum of Eden, 30 Sep 1941, CAB 121/114, TNA
84. COS (41) 343, 6 Oct 1941, CAB 79/14, TNA
85. モートンはかつて戦時経済省の前身である産業情報委員会（IIC）の議長を務めており、情報畑を歩んできた人物であった。モートンについては、Thompson, R. W., *Churchill and Morton* (London: Hodder&Stoughton 1976) を参照。
86. Churchill to Major Morton, No. M909, 20 Sep 1941, PREM3/252/5, TNA
87. Frederick Joseph Rutland, KV 2/333, TNA
88. West, Nigel, *MI5* (London: The Bodley Head 1981), pp.150-155
89. Lord Swinton to Churchill, 24 Sep 1941, PREM3/252/5, TNA
90. Lord Swinton to Churchill, 24 Sep 1941, PREM3/252/5, TNA
91. センピルは1940年10月にも日英間の緊張緩和をチャーチルに働きかけようとした経緯がある。KV 2/72, TNA
92. Hankey to Eden, 3 Oct 1941, CAB 63/177, TNA
93. The Earl of Avon, *The Eden Memoirs; The Reckoning* (London: The Times Publishing 1965), p.313
94. Eden to Hankey, 10 Oct 1941, CAB 63/177, TNA
95. ラットランドについては、小谷賢「日本海軍とラットランド英空軍少佐」（軍事史学会編『軍事史学』第38巻2号、2002年9月）を参照。
96. BJ 095346, 11 Sep 1941, HW 12/268, TNA
97. JIC (41) 414, 21 Oct 1941, CAB 81/105, TNA
98. BJ 096117, 3 Oct 1941, HW 12/269, TNA
99. Minutes, 15 Sep 1941, F9313, FO 371/28147, TNA
100. Minutes of Bennett, 18 Oct 1941, F10692, FO 371/28126, TNA
101. BJ 096628, 17 Oct 1941, HW 12/269, TNA
102. WPIS, 29 Oct 1941, W12859/53/50, FO 371/29137, TNA
103. Memorandum by Eden, 30 Oct 1941, CAB 121/114, TNA
104. Tactical Appreciation Defence Situation in Malaya, 16 Oct 1941, CAB 121/113, TNA

105. BJ 097420, 8 Nov 1941, HW 12/270, TNA
106. Foreign Office to Tokyo, 15 Nov 1941, F11672/86/23, FO 371/27911, TNA
107. BJ 097693, 9 Nov 1941, HW 12/270, TNA
108. Best, *British Intelligence and the Japanese Challenge in Asia*, p.184
109. From FECB Singapore, 3 Nov 1941, 0459Z/1, CAB 121/114, TNA
110. JIC (41) 439, 18 Nov 1941, CAB 81/105, TNA
111. Gilbert, Martin, *The Churchill War Papers*, Vol.III (New York: W. W.Norton & Company 2000), p.1412
112. Churchill, p.528
113. WPIS, 12 Nov 1941, W13483/53/50, FO 371/29137, TNA
114. Hudson, W. J. & Stoles, H. J. W. (eds.), *Documents on Australian Foreign Policy 1937-1949*, Vol.5 (Australian Government Publishing 1982), pp.219-21
115. Gilbert, p.1499
116. London to Washington, 24 November 1941, FO 371/27912, TNA
117. November 25, 1941, Diaries of Henry Lewis Stimson, Yale University Library
118. Washington to Foreign Office, 23 November 1941, PREM 3/156/6, TNA
119. *FRUS*, 1941, IV, pp.685-6
120. November 25, 1941, Diaries of Henry Lewis Stimson: ただしこの米陸軍情報部の記録は見つかっていない。当時の米陸軍情報部の報告書では、11月18日から29日にかけて、総計3万の日本軍部隊が南部仏印に海上輸送されたと見積もられており、スティムソンに提出された5個師団（12万）という数字とは大きく乖離する。Military Intelligence Division, Regional File 1922-1945, Box. 972, RG 165, NARAII
121.「昭和16・11・25～18・2・21　南方軍作戦関係資料綴」、「昭和16・9・10～16・12・2　南方軍の作戦準備」（防衛研究所戦史資料室）
122. *New York Times*, 25 Nov 1941
123.「日米外交関係雑纂　第六巻」（外務省外交史料館）
124.「外務大臣ソノ他ノ上奏集」（外務省外交史料館）
125. November 26, 1941, Diaries of Henry Lewis Stimson
126. Churchill to Roosevelt, 26 Nov 1941, PREM3/156/5, TNA
127. *FRUS*, 1941, IV, p.667
128. November 27, 1941, Diaries of Henry Lewis Stimson

129. *FRUS*, 1941, IV, p.700
130. BJ 098360, 30 Nov 1941, HW 1/281, TNA
131. Admiralty to C in C in China, 29 Nov 1941, 0006A/29, CAB 121/114, TNA
132. Telegram from Crosby, 27 Nov 1941, F12923/9/61, FO 371/27767, TNA
133. BJ 098509, 3 Dec 1941, HW 12/271, TNA
134. BJ 098650, 7 Dec 1941, HW 12/271, TNA
135. Washington to Foreign Office, 29 Nov 1941, F12992/G, FO 371/27913, TNA
136. Washington to Foreign Office, 1 Dec 1941, F 13001/86/23, FO 371/27913, TNA
137. Gilbert, p. 1575
138. Gilbert, p. 1560
139. WM (41) 124, 4 Dec 1941, CAB 65/24, TNA
140. BJ 098694, 8 Dec 1941, HW 12/271, THA
141. BJ 098602, 6 Dec 1941, HW 12/271, TNA
142. カーン、デイヴィッド（秦郁彦・関野英夫訳）『暗号戦争』（ハヤカワ文庫 NF、1978 年）、104 頁
143.「防諜に関する回想聴取録」（防衛研究所戦史研究センター史料室）
144. No.205 Squadron, Royal Air Force, AIR 27/1215, TNA
145. Churchill, p.537
146. Dower, John, *War without Mercy* (London: Faber and Faber 1986)（斎藤元一訳『容赦なき戦争』（平凡社、2001 年）), p.111
147. Churchill, p.551
148. WPIS, 14 Aug 1941, W 9974/53/50, FO 371/29136, TNA
149. 小谷賢「イギリス情報部の対日イメージ 1937-1941」（日本国際政治学会編『国際政治』129 号、2002 年 2 月）
150. ベスト、232 頁

本書は二〇〇四年十一月にＰＨＰ研究所より刊行された『イギリスの情報外交――インテリジェンスとは何か』を大幅な加筆修正のうえ改題・文庫化したものです。

◎著者略歴

小谷賢（こたに・けん）

日本大学危機管理学部教授。専門はインテリジェンス研究、イギリス政治外交史。1973年京都生まれ。立命館大学国際関係学部卒業、ロンドン大学キングス・カレッジ大学院修了、京都大学大学院人間・環境学研究科博士課程修了。防衛省防衛研究所戦史部教官、英国王立防衛安保問題研究所（RUSI）客員研究員、防衛省防衛研究所主任研究官を経て現職。主な著書に、『モサド』（ハヤカワ・ノンフィクション文庫）、『日本軍のインテリジェンス』、『インテリジェンス』、『インテリジェンスの世界史』など、監訳書に『ＣＩＡの秘密戦争』（マーク・マゼッティ、池田美紀訳、ハヤカワ・ノンフィクション文庫）がある。

HM=Hayakawa Mystery
SF=Science Fiction
JA=Japanese Author
NV=Novel
NF=Nonfiction
FT=Fantasy

日英《にちえい》インテリジェンス戦史《せんし》

チャーチルと太平洋戦争

〈NF544〉

二〇一九年八月 十 日 印刷
二〇一九年八月十五日 発行

（定価はカバーに表示してあります）

著者 小《こ》谷《たに》 賢《けん》
発行者 早川 浩
印刷者 西村文孝
発行所 株式会社 早川書房

郵便番号 一〇一 - 〇〇四六
東京都千代田区神田多町二ノ二
電話 〇三 - 三二五二 - 三一一一
振替 〇〇一六〇 - 三 - 四七七九九
https://www.hayakawa-online.co.jp

乱丁・落丁本は小社制作部宛お送り下さい。
送料小社負担にてお取りかえいたします。

印刷・精文堂印刷株式会社　製本・株式会社フォーネット社

ISBN978-4-15-050544-8 C0120

本書は活字が大きく読みやすい〈トールサイズ〉です。